做自己的国王

——学会心理控制术

[美] 奥里森·斯威特·马登（Orison Swett Marden） 著

赵 越 译

中国出版集团

研究出版社

图书在版编目(CIP)数据

做自己的国王／（美）马登著；赵越译.—北京：
研究出版社，2015.8（2020.7重印）
ISBN 978-7-80168-931-3

Ⅰ．①做…
Ⅱ．①马… ②赵…
Ⅲ．①成功心理－通俗读物
Ⅳ．①B848.4-49

中国版本图书馆 CIP 数据核字 (2015) 第 186932 号

责任编辑: 陈侠仁 **责任校对:** 张 璐 王宏鑫

作 者：（美）奥里森·斯威特·马登 著
译 者：赵 越
出版发行：研究出版社
地址：北京市朝阳区安华里504号A座
电话：010-64217619 010-64217612（发行中心）
经 销：新华书店
印 刷：石家庄德文林彩色印刷有限公司
版 次：2016年6月第1版 2020年7月第2次印刷
规 格：880毫米×1230毫米 1/32
印 张：7印张
字 数：67千字
书 号：ISBN 978-7-80168-931-3
定 价：27.00元

好书可引为诤友，与书为友如同与人为友，都应该与最佳最善者常相伴依。

　　一本好书常可视为生命的最佳归宿，一生所思所想之精华尽在其中。好书即为金玉良言与思想光华之总成，令人铭于心，爱不忍释，成为我们相随之伴侣与慰藉。

关于作者

奥里森·斯威特·马登

奥里森·斯威特·马登（1850—1924），美国作家，倡导新思想运动。主修医科，同时也是一名富有成效的酒店业主。

他生于美国新罕布什尔州的桑顿—戈尔，位于路易斯和玛莎—马登之间的一个小镇。他3岁时，年仅22岁的母亲便撒手人寰。于是照顾奥里森和两个姐姐的重担就落到了父亲——一个靠打猎和做门卫工作的农民身上。奥里森7岁时，父亲伐木致伤，不久也离他而去。他的监护人几经转手，他终日食不果腹，艰难度日。他受英国作家塞缪尔·斯迈尔斯早期作品的影响，决意改善自我，改变生存环境。1871年，他毕业于波士顿大学。1881年，获得哈佛大学医学博士学位。1882年，攻克了法学学士学位。之后，又就读于波士顿祷告学校和安多华神学院。

大学期间，他靠在酒店打工自食其力。之后，他拥有几家自己的酒店和一处度假村产业。经济危机使他的职业生涯告一段落。1893年，当举办世界哥伦布博览会，大批游客从四面八方蜂拥而至的时候，他再一次在芝加哥跻身酒店业并担任酒店经理一职。这期间，他在塞缪尔·斯迈尔斯思想的感召之下，立志奋笔疾书，旨在启迪思想，阐述自己的哲学观点。

除此之外，他的思想还受到19世纪90年代新思想运动先驱者小奥利佛·温德尔·霍姆斯和拉尔夫·瓦尔多·爱默生的影响。

1894年，他撰写的第一本书《奋勇向前》问世了。他着重论述了成功、毅力的培养和积极思考的话题。1897年，他创办了《成功》杂志，与此同时，该杂志作为奥里森·斯威特·马登"新思想哲学"的宣言，教授人们积极思维，生活技能和服从管理。在20世纪的头20年中，他也是伊丽莎白·汤新思想杂志《鹦鹉螺》的固定撰稿人。

《成功》杂志时至今日仍能发人深省，并被评为美国当今最有影响力的十大杂志之一。

他曾采访过当代最具盛名和最有权威的成功人士，而且《成功》杂志在美国社会开创出一个不同寻常的成就，被视为现代个人发展运动的诞生。据报道，此行业仅在美国每年耗资110亿美元。

20世纪初，据不完全统计，四分之一的美国人知晓这个杂志。

何等伟大的标题，又何等伟大的杂志！现在《成功》杂志仍然具有强大的生命力，并以凸显现在和过去有识之士的成功事迹为特色。

马登曾是《成功》杂志的第一撰稿人，那些一度深受其启迪的人后来相继成为该杂志的编辑，包括著名的拿破仑·希尔、W.克莱曼·斯通、斯科特·德加摩和查理德·坡等。

像许多新思想拥护者那样，马登相信思想可以影响人的生活和人的生活环境。他说："我们创造了我们赖以居住的世界和我们的生活环境。"然而，尽管他在经济上获得了成功，但是，他总强调个人发展："你刻意追求的绝好机遇，不取决于环境，关键在于自己；不在于运气或机会好坏，或不在于别人的帮助；完全在于自己。"马登一生撰写了大量鼓舞人心的著作，其中代表作《你能行》《奋勇向前》《生而为赢》《第一本快乐心理学》《你就是命运的建造师》《做自己的国王》《你也可以拥有打动人的磁性魅力》《我最想要的择业说明书》《成功依然有秘密》等在欧美一上市，即受到大众的认可，几乎每本都是畅销书，很多公立学校指定为教科书或参考书，不少公司企业将这些作品发给员工阅读，在商人、政府官员、军人、教育人士、文化人士和神职人员中也深受欢迎。很多著作已经被翻译成50多种文字，在世界各地广为流传，现在已成为影响世界历史进程的经典人文作品。

1924年，马登与世长辞，享年74岁。

CONTENTS · **目录**

第一章

小心驶得万年船

思想指引着我们，一点一点构建了未来，未来遥不可知，但我们知道它注定美好，因为宇宙万物皆是如此。思想是命运的另外一个名字，选择你的命运，然后耐心等待，爱会带来爱，恨也只会带来恨。

思想指引着我们，一点一点构建了未来，

未来遥不可知，但我们知道它注定美好，

因为宇宙万物皆是如此。

思想是命运的另外一个名字，

选择你的命运，然后耐心等待，

爱会带来爱，恨也只会带来恨。

——埃拉·惠勒·威尔科克斯[1]

---

[1] 埃拉·惠勒·威尔科克斯（1850—1919），是19世纪美国著名作家和诗人。对于中国读者来说，她的声名虽不如沃尔特·惠特曼那般卓著，但她当之无愧是她那个时代最受欢迎的诗人。她的诗平实质朴、清新自然、韵律精美、意境深远，被许多报刊书籍争相刊登，也受到无数诗歌爱好者的喜爱，其中有13首作品被选入《最受喜爱美国诗歌选集》，而《孤独》则被读者评选为最难忘的诗歌之一。

从前有个不学无术的人，奇迹般地继承了一艘大船。他对海洋一无所知，对于航海和机械也不甚了了。他突发奇想打算驾船出海。终于他的大船出航了。他让船员们各行其是，因为作为业余船长，他对复杂的航行一窍不通。刚出海的时候，因为清闲无事，所以船长还挺有心情到处走走看看。他信步走到船头，看见有个人在转动着一只轮子，一会儿顺时针，一会儿逆时针。

"那个人在干吗？"他问。

"那人是舵手，他是在驾驶咱们这条船。"

"啊，我觉得他是在白白浪费时间和精力。汪洋大海的，有船帆就能让船走了，走哪儿算哪儿。看不见陆地，也看不见别的船，用不着掌舵。把船帆都扯起来，让船随便漂吧。"

船员听从了他的命令。船触礁沉没后，只有少数生还者，他们都记得那个愚蠢的船长下达的最愚蠢的命令，即让船自己航行。

你可能会说这种人在现实生活中根本不存在，也许你是对的。确实，现实生活中也不会出现一模一样的愚蠢事情。你也不会办这种傻事，是吧？

静下心来想想，你不是也驾驶着比船更精密、更宝贵的东西——你的生命、你的思想吗？在驾驭思想的过程中你到底投入了几分关注？你是不是也让它随波逐流了呢？你是不是纵容愤怒的狂风、呼号的热情把它刮到这儿又吹到那儿呢？你是不是随随便便交朋友、随随便便读书，让一次漫无目的纵情享乐把生活变得面目全非，而这种生活绝不是你希望的呢？你是你人生之舟的真正船长吗？你能将人生之舟驶入幸福、平静、成功的港湾吗？如果你还不能完全驾驭你的人生，你愿意从此时此刻成为自己人生的主宰吗？如果你能认识人生的某种基本真理，在实践中不断培养自己的美好品格，成为自己人生的主人将比你想象的要简单得多。让我们一起来告诉你该怎么做吧。本系列丛书的目的就是告诉你该怎样去做，该怎样去努力，认真思考该怎样去度过此生。

思想控制宇宙万物，然而人们偏偏忽视和误解了思想的力量。人们运用大量的溢美之词赞美它的力量，说它亘古不变，说它是天才的工具。近些年，人们从大量研究中发现，思想具有控制能力，它可以改变业已形成的人格，改变外部环境，改变自我进而为人们带来健康、幸福和成功。培养控制思想的方法浩若烟海，思想对人产生的影响也无穷无尽，但没有人愿意费尽心力指引思想朝有利的方向发展。在任何情况下都不做任何反抗，将思想交付给偶然和意外，任由思想像无人驾驶的航船一样随波逐流。

我们最需要学习的、也必须学习的是学会控制思想、控制自我，这样我们才能不断提高自我。思想本无形，很多人根本无法控制它，我们甚至认为思想动向是很复杂、很奥妙的过程，只有刻苦学习、读书抚琴、博览群书才能培养高尚的情操。但事实完全不是这么一回事。每个人，无论多么无知、多么粗俗、多么繁忙，都有足够的能力、足够的时间重塑自己的秉性、自己的人格、自己的健康和自己的生活。每个人都要肩负不同的任务，处理不同的问题，朝不同的目标而奋斗，但人生过程是基本相同的。改变对你、对我都是可能的。

雕塑家巧夺天工的凿子如果落入笨人手中就会毁掉最可爱的雕像；落入罪犯手中就会成为撬门轧锁的工具；落入杀人犯手中就会成为致人死亡的凶器。我们每个人手中都握着一柄凿子，它既可以塑造我们的品格，也可以破坏我们的品格。如果手握凿子，我们仍不知道该如何创造美丽、和谐、幸福和成功，就是彻头彻尾的傻子。雕塑家在雕刻大理石的时候，是不会轻易下手的。他双眸凝视，每凿一下都是为完成最后的作品。他心中早就设计好了作品，并且非常清楚该如何完成作品。在塑造品格的过程中，我们也要学习雕塑家的精神，改善我们的环境，陶冶我们的情操。我们必须清楚自己想要得到什么，该如何才能得到，并为此付出全心全意的努力，不因一时的失意而懊悔不已，也不因一时的成功而沾沾自喜。

对待普通的凿子只要把它放在一边就好，对待思想就不能这样，不能因为不用了就置之不理，我们必须时刻注意它的发展动向，积极努力地提高思想道德修养。人是时时刻刻都在思考的动物，每一次思想发展和改变都像是凿子凿了一下大理石雕像，不断塑造我们的生活。因此，让我们下定决心，排除万难，积极培养美好的道德情操。

诚然，无论我们多么坚决地实现这一重要任务，作为成年人具有的多年积习和一成不变的办事模式都使我们很难实现这一目标。新新人类承载着控制思想、培养美德的重任。M.E.卡特说："如果孩子的父母和监护人能够用所有精力教育孩子学会控制思想，而不是用高压迫使他们服从于外在的权威，那么养育下一代的任务就会简单多了，地球上就会出现更高尚的新新人类。"孩子们不需要外在压力就能学会控制思想，就能摒弃错误思想，培养高尚情操。他们长大后无须伪装善良、无须掩饰谎言，因为他们本身就是如此纯洁、真诚。控制思想就是控制自我，早早就明白这个道理的人可以免受不幸，不能明白人生最伟大的课程的人则会历经磨难、人生黯淡。

　　能够理解和控制我们的生活，将会为我们带来多大的福祉呀！因此，为了我们自己，也为了那些需要我们照顾的人们，让我们好好想想吧。

第二章

思想控制身体

虽然人们的世界观、人生观和道德观不尽相同，但无比强大的思想力量却可以影响人类生活的各个层面。思想是能控制肉体的，很多科学实验都证明了这点并做出了科学的解释。

真令人惊叹，思想可以控制我们的身体，那就让思想做永恒的主宰吧！

——歌德

在人还没有能力控制思想以前，已经意识到思想的力量和重要性了。这是一种深刻的认识而不是泛泛的认识。你必须清楚也必须相信有益的思想会帮助你，有害的思想会毁灭你。你永远也不能片刻放松警惕，觉得偶一玩火无所谓，可正是偶一玩火才引火烧身。在内心深处，你必须清醒意识到，思想对人的影响是永恒的，是事关人生命运的大事。不同的时间、不同的想法就会影响那一时间段的命运。合理地控制思想，好运就会适时地降临到你身边。如果你错误地运用上帝赋予的能力——思考的能力，霉运就会降临到你身边。无数的事实使人们意识到了这个观点的正确性。

人在工作、生活中越来越清醒地认识到物质的价值和道德的价值。虽然人们的世界观、人生观和道德观不尽相同，但无比强大的思想力量却可以影响人类生活的各个层面。思想家、道德理论家提出，不注重内在精神世界培养的人只会单纯地追求物质享受。思想是能控制肉体的。很多科学实验都证明了这点并做出了科学的解释。

耶鲁大学的W.G.安德森教授成功地测量出思想的力量，或者说测量出了思想作用的结果。他让一个学生躺在天平上，并使身体重心处于天平的中心位置。然后再让他专心致志地做数学题，这时头部血流量增加，天平立刻向头部倾斜。让学生用九九乘法表计算比用五五乘法表计算造成的天平倾斜度大，因为脑部消耗大，血流量大。总而言之，脑力劳动强度越大，天平的倾斜度越大。安德森教授又进一步做试验进行研究。让学生想象自己在做体操锻炼，做各种各样的肢体动作。单纯想象双臂举过双肩就使血液流向双臂，结果身体重心上移了4英寸，天平的平衡发生了改变。接着他又在很多学生身上做试验结果都一样。

安德森教授又接着做试验看看思想对肌肉的影响力。他给11名年轻人的左臂和右臂力量做了记录。右臂的平均臂力是110磅，左臂的平均臂力是97磅。然后让他们用一个星期的时间专门锻炼右臂，再重新测量双臂的力量。右臂臂力增加了6磅，没有经过锻炼的左臂臂力增加了7磅。实验结果表明思维行为不但与活动肌肉有关，也和不活动肌肉有关，只要活动肌肉和不活动肌肉受同一大脑部位控制。这一切正是由于单纯的思维行为使血液和神经力量输送到身体指定部位造成的。安德森教授说："用肌肉测试床实验就能证明，一切体育锻炼的关键就是不但要付出身体努力，同时更要付出精神努力。我躺在肌肉测试床上想象着自己在跳一种叫吉格舞的三拍快步舞。尽管我的脚并没有动，肌肉当然也没动，但我脚部的肌肉测试床却下陷了，这说明我好像真的在跳吉格舞一样，血液流向了脚部肌肉。因为精神作用，我的脚部肌肉血液充盈。"

桑多很久以前就告诉过我们不用思想光锻炼无助于提高肌肉力量。用思想来指导锻炼，再做一点锻炼才能重塑我们的肌体。很多体育课教授兜售这种知识，卖了好价钱。安德森教授的实验也证明了这一理论的正确性。怀着竞争感和兴趣进行体育锻炼就比在体育馆里进行单纯的机械运动效果好得多。他说散步对脑力劳动者来说是枯燥无用的。脑力劳动者在研究学术问题时，会使脑部血液集中，散步这种单纯的机械运动不能使血液向身体的其他部位分散。只有像跑步或快走这种带有明确提速目的的运动才能使血液流向四肢，并使四肢的力量发达。据说在镜前锻炼，亲眼看着肌肉随动作强度的增加而变得更加结实有力，能加速提高肌肉的力量。

在安德森教授做这些实验之前，华盛顿的埃尔默·盖茨教授也做过类似的实验。他拼命想象手部在做剧烈运动，然后把手放进盛满水的盆中。他希望这样做就能让手部的血液充盈，盆里水就会溢出，而溢出的水量从理论上讲应该等同于手部额外充盈的血流量。在刚开始的时候，所有人都无法使盆中的水溢出。在练习了上百次上千次后，思维才能控制身体，盆里的水真的流出来了。

很多年前，科学家在著名的博蒙特身上做了实验，证明抑郁或快乐的情绪对人的消化功能或其他功能是有影响的。他的胃部伤口愈合后留下了个小孔，通过这个小孔科学家们发现了一个有趣的现象。一天他接到一封告知灾难性消息的电报，立刻引起分泌胃液的滤囊发炎，造成食物在他的胃里停留了几个小时都没有消化掉。

最近，俄罗斯科学家伊万·巴甫洛夫[①]教授又用狗做了很多实验。他最终证明，即便分泌了唾液，食物也进入了胃里，狗也不会像以前人们认为的那样自动分泌胃液。恰恰相反，当狗希望能吃上爱吃的食物，即便什么也没吃到，它也能分泌胃液。为使实验更具科学性，在狗把食物咬进嘴里后，巴甫洛夫教授切开狗的食管，不让食物进到胃里，可胃部滤囊仍然分泌了胃液。吃饭本身不过是机械行为，不会引起胃液分泌，而吃东西的快感却能引起胃液分泌。狗的迷走神经[②]切除后，即便它看到美食，想象吃到美食的快感，或者真的让美食穿过食管，也不会分泌胃液。这项实验充分表明迷走神经的作用。心理因素对消化的影响、对身体其他部位的影响都是显而易见的。

盖茨教授实验的最大成功之处在于发现了情绪变化会引起身体化学反应。他说："1879年，我发表了一份实验报告。实验是让病人通过冰冻的呼吸管呼吸，使病人呼出的不稳定气体冷凝成冰。将视网膜紫质的碘化物和冰凌混合后没有明显沉

---

① 伊万·巴甫洛夫（1849—1936），俄罗斯生理学家、心理学家、医师。因为对狗研究而首先对古典制约做出描述而著名，并在1904年因为对消化系统的研究得到诺贝尔生物学或医学奖。

② 迷走神经：负责肺和胃的神经。

淀。但如果让病人生气，五分钟后就会出现棕色沉淀物。这表明情绪是会引起混合物的化学成分变化的。将这种物质提取出来以后应用到人和动物身上，就能使他们变得兴奋激动。极度悲伤，像刚刚失去了孩子，能产生灰色沉淀物。懊悔会产生粉色沉淀物。我的实验表明，愤怒、凶恶和抑郁的情绪会使机体产生有害物质，有些有害物质甚至毒性很大。同样，快乐、和谐的情绪能产生有营养的物质，刺激细胞产生更多能量。"盖茨教授重点指出：沉淀物的颜色取决于你是用碘还是用其他化学物质做实验。不同情绪和同一化学制剂综合产生的混合物颜色都不尽相同。

教授在芝加哥大学和斯坦福大学做的实验表明情绪能产生和电流相似的现象。电有正、负极之分，情绪也会使生命细胞发生正、负极的变化，也就是快乐和悲伤的变化。人们总愿意将情绪比作"大脑发出的电报"，现在人们更加相信情绪能改变身体状况。

第三章

快乐则健康，
忧伤则生疾

每个人的意识和思维都深深刻在脑海中，因为大脑是意识和思维的起源。大脑存在于人的体内，它本是一种物质构成，但大脑却有抽象的思维功能，大脑不同的组成部分控制着身体的不同部位。

"正是精神才使生命鲜活，肉体没有这样的作用。"

　　每个人的意识和思维都深深刻在脑海中，因为大脑是意识和思维的起源。意识和思维由大脑传送到终点站——身体的各个部位。大脑存在于人的体内，它本是一种物质构成，但大脑却有抽象的思维功能，大脑不同的组成部分控制着身体的不同部位。人是以肉体为笔书写生命，天使阅读我们每个人的传记故事。

——史威登堡①

---

　　①　史威登堡（1688—1772），瑞典数学家、心理学家。诞生时已能听懂大人的谈话，5岁已通览群书，不到10岁就会和牧师们谈论神的事情。大学毕业后，担任瑞典国家矿物局工程师，32岁之后就活跃于政界，担任参议院议员。另外，在科学、数学、发明方面也留下极多的成就。但是50多岁后，他放弃一切，开始过着他自称的"天启"的灵界沟通的生涯。赫赫有名的德国哲学家康德也对他的神妙能力大表惊异，认为："历史上从没有过这样的人物，而且将来也不可能再出现，他的奇妙能力，实在太令人惊异了。"他所著的《灵界记闻》厚达8册数千页，其中大部分至今被慎重地保存在伦敦大英博物馆内。

　　我们不一定要靠科学实验才能证明精神状况能影响人的身体健康。日常生活中很多事情都能证明这一点。大夫们已经采集了成百上千个令人印象深刻的有趣故事，加工整理并加以发表，但实际上，也许并不需要那么多，也许几个事例就能说明问题。

　　我们熟知不良情绪会有致命作用，但还是不能完全相信不良情绪能导致疾病或死亡。有人得中风死了，那么中风是种什么病呢？中风是由于突发性的强烈情感引起身体机能混乱进而导致身体机能停止运转造成的。恐惧，是种害怕的情感，使患者心脏停止了跳动，而兴奋又使患者心脏跳动过快导致脑部血管破裂。突然非常兴奋会使血液急速涌向大脑冲破娇嫩的血管壁。人体需要吸收营养、排除废料，这些功能都需要在正常的精神状态下进行，一旦正常精神状态遭到破坏，像失去亲人或其他某种巨大悲痛，人体就不能正常发挥功能，得了病也毫无抵抗力，有时甚至根本没病只是精神抑郁，也会逐渐憔悴，直至死亡。最近伦敦有辆电车在街上突然自燃，火光冲天。有位年轻的女士，看起来跟别人一样好好的，正打算上轿车，看见了此情此景，却突然倒地身亡。根本就没有东西碰到她，也没有东西伤害到她，只不过是自己认为身处险境，因此身体突然崩溃灵魂出窍。如果她能镇定自若、气定神闲一点儿，就不会白白丢了性命。还有位美丽的年轻小姐被高尔夫球杆击中了面部，下巴碎了，虽然伤口几个星期就愈合了，但伤疤使她不再漂亮了。她老想着自己已经毁容了，因此谢绝见客，总是悲悲切切的。她到欧洲花重金找专家整容，但效果甚微。她总想着自己受了伤、留了疤，人生再无快乐可言，身上也越来越没劲，很快就连床都下不了了。但大夫却检查不出什么器质性病变。她无疑是很愚蠢的。她的事例说明精神一旦出问题就会严重影响身体机能。如果她能早点儿摆脱悲伤，早就恢复健康了。

恐惧和悲伤往往在几个小时或几天之内就使人须发皆白。历史上巴伐利亚①的路德维格②、玛莉·安托瓦内特③和英格兰的查理一世④莫不如此，在现代社会中这样的事却不多见。据

---

① 巴伐利亚，德国南部地区，是中世纪德国的5个有权势的公爵领地，但是后来被许多势力和政权占领和统治。

② 路德维格对艺术不遗余力地支持，把瓦格纳等拉入麾下，并大力兴建宫堡——天鹅石堡，造成国库亏空、百姓遭殃、政敌群起，最终被送进疯人院。

③ 玛莉·安托瓦内特：法国王后，路易十六之妻，生性奢侈，对人民大众的呼声无动于衷，声名狼藉，后被交付革命法庭审判并被处决。

④ 查理一世：1625—1649年任英格兰、苏格兰和爱尔兰的国王。曾与议会发生权力之争，导致了1642—1648年的英国内战，查理一世被打败.。他以叛国罪被审判，而后于1649年被处斩。

说头油中的化合物——硫黄主控头发的颜色，强烈的情感改变了硫黄的化学含量造成头发颜色发生变化。这种化学变化不是岁月而是情绪的突然变化造成的。罗杰斯说："很多原因都会影响头发的化学成分，加速头发的老化死亡，尤其是大悲、忧虑和强烈的情感。"

人本没有受伤却认为自己受了很重的伤也会死掉。人们常说的一个故事是有群医学院的学生总是吓唬一名同学，说要给他放血，结果这名同学被吓死了。有人误吞了大头钉，就出现了可怕的症状，喉咙还肿了包，他还以为大头钉卡在喉咙里了。但后来才发现，他弄错了，喉咙里根本没有大头钉。成百上千的例子证明疑神疑鬼就能引起病痛甚至死亡。

另外，像兴奋激动和狂喜愉悦也能治愈疾病。

贝温尤托·切利尼[①]在佛罗伦萨着手雕刻他的著名作品珀尔修斯[②]时，突发高烧、卧倒在床。正当高烧不退之时，他的

---

① 贝温尤托·切利尼：（1500—1571年），意大利作家及雕塑家，以其作品《自传》和珀尔修斯的雕塑而闻名。

② 珀尔修斯：希腊神话中的英雄，是宙斯化作金雨和达那厄亲近后所生。因神谕他将杀死外祖父，出生后母子俩即被外祖父装进木箱投入大海。木箱漂到塞里福斯岛，母子得救。后该岛国王欲娶其母，使计让他去取女怪墨杜莎的头。得众神之助，他获得成功。回国后，出示女怪头使国王变成石头，救出母亲。后杀死海怪，拯救埃塞俄比亚公主安德洛墨达，并与她结为夫妇。

一个助手跑进屋喊："贝温尤托，你的雕像毁了，没指望修复了。"切利尼匆匆穿上衣服，跑到壁炉边，看到他打算做雕塑的金属块已经不成形了。他立刻命人拿来干燥的橡木，点上火炉，通好炉道，在大雨天拼命干起来，最后终于挽救了他的作品。他后来说："在一切结束以后，我和手下每人端着一盘沙拉坐在凳子上狼吞虎咽起来。吃饱后，又回床上躺着，感到自己又健康又快乐。只差两小时天就亮了，我睡得很沉很香，就好像根本没生病一样。那晚，他光想着要挽救他的作品，根本没想着自己还生着病，结果病却好了。

摩尔人①的领袖穆雷·姆鲁克有一次也是重病在床，几乎病入膏肓了。他的部队和葡萄牙军队突然爆发了一场战斗，形势十分危急。他立刻召集人马，领导部下打了胜仗，随后就瘫软在地、气绝身亡。

伊莱沙·凯恩大夫的传记作家记述道：

"我问他②能不能举一些他知道的事例说明灵魂能控制肉体。他停顿了一下，好像是想该怎么说，然后突然回答说：

---

① 摩尔人：一群由柏柏尔人和阿拉伯人后裔混合组成的穆斯林人，现在主要居住于非洲西北部。

② 此处指伊莱沙·凯恩。

'灵魂可以使肉体飞起来，先生！'当我们的上尉奄奄一息的时候——我说的是他确实是快死了。我看过很多坏血病病例，他身上的每处伤疤都化脓溃烂了。无论是死者还是生者我都没见过这么严重的病例，很多人在病得比他轻得多的时候就死掉了。然而当时军队的形势十分糟糕，喘息之间就可能发生兵变。我们每个人都命在旦夕。我觉得他是那种鞠躬尽瘁、死而后已的人。我走到他的病床前，在他的耳边大喊道，'兵变了！上尉，兵变了！'他立刻从死一般的昏迷中惊醒。'扶我起来！'他说，'把人都召集起来！'他听取了手下的指控，惩治了有罪的人，并且从那一刻起身体逐渐康复起来。"

巴西的冬·彼得国王因病在欧洲疗养，在接到任摄政王的女儿打来的电报后，病就好了。电报上说她颁布法律废除了奴隶制，完成了父亲毕生的心愿。

一位身体羸弱的妇女，好多年卧床不起，甚至站起来的力气都没有，可当房子着火的时候，却能穿过房子，爬上楼梯把熟睡的孩子抱出房子，她是哪儿来的力气呢？这样娇弱的身躯哪儿来的力气将家具和床褥从烧着的房子里搬出来的呢？当然她的肌肉没有新增力气，她的血液也没有新增力气，但她却做到了平时根本做不到的事情。危难之时，她忘记了自己的病痛，只想着危难，她有可能失去可爱的孩子，有可能失去房子。她坚信，那一刻她无所不能，而且她确实做到了，这是因为思想发生了变化，而不是血液和肌肉发生变化赋予她无穷的力量。她的机体力气不多，但她完全相信自己能够救出孩子、救出家产。大火、危险、兴奋、激动、要救孩子、要救财产，这一切使她暂时忘却了病痛，充分调动了意志的作用。

很多证据都证明思想能控制肉体。人类很久以前就发现了这一点并归纳运用。就像电报能越过海洋在空中传播信息，虽然奇妙，却是现实，现在越来越多的人们已经意识到思想是能控制肉体的。

大夫们已经意识到精神在治疗疾病过程中的作用，所有医学书籍都谈到精神对疾病的治疗作用高过药物和手术。国王爱德华二世将医学界的权威威廉姆·奥斯勒从约翰·霍普金斯大学调离，任命他为牛津大学的医学教授。威廉姆·奥斯勒后来在《美国百科全书》中曾言：

"在治疗过程中物理疗法的作用很大，但人们没有广泛认识到它的作用。只有坚信自己有战胜疾病的能力，才能鼓足勇气，才能使血液流畅，才能使神经正常发挥作用，才能治愈大部分疾病。对疾病不报希望，没有信心，即便是最强壮的人也会去见阎王。坚定信心就能使一匙水、一片面包产生神奇药效，治愈灵丹妙药都治不好的病。看病最基本的就是要相信大夫，相信他开的药方，相信他的治疗手段。"

同样，哥伦比亚大学的史密斯·伊利·杰利夫也在同一本《美国百科全书》中说：

"毫无疑问，最古老也最新的治疗方案就是向病人提出建议。坚定信心的治疗作用不是某个特殊阶层或阶级的专利，也不为任何体制所独有。相信神仙，向木偶、石人或神怪小说中的鬼神祈求，相信大夫，都会使我们相信自己有能力战胜疾病，一切都说明精神对肉体病痛确实存在治愈作用。给病人提个小小建议，不能挪走疾病的大山，不能治愈肺结核，不能使瘸腿复原，不能治疗机体痉挛，但它却是最有效的辅助治疗手段。很多催眠师、敲诈犯、声称自己有透视眼的人和形形色色的社会寄生虫却滥用了精神的治疗作用，这里因为篇幅有限就不一一赘述了。人的思想非常难以捉摸，相信就能做到一切，并且愿意相信就能做到一切。在治疗的过程中，建议能激发好的和坏的潜能。"

杰利夫大夫说的下面这段话有点过于保守，他自己非常相信断骨的愈合受病人精神状态影响，因为精神状态影响了呼吸、消化、吸收和排泄。早期的肺结核病人坚定地相信自己会康复，再配以好的气候环境和卫生条件就能很快康复。很多植物人在受到精神或神经的强烈刺激后苏醒过来了。

很久以前，詹姆斯·Y.辛普森爵士说："如果大夫忽视了精神对肉体的作用，他就没有充分发挥医术，他就不配做个大夫。"

丘吉尔在下面的诗句中说明了健康哲学：

通往健康的最佳路径，无论怎样，

就是永不相信自己生病。

可怜的肉体知道疾病是种邪恶，

医生说我们病了，我们就会想象自己病了。

第四章

最可怕的敌人
是恐惧

如果我们不再无谓地担心，生活就会立刻变得快乐和健康！塑造完美人格最重要的就是要排除、根除恐惧的各种有害影响。如果人们能根除恐惧，世界将变得无比美好。

怀疑是叛徒。因为害怕尝试，我们会失去可能获得的美德。

——莎士比亚《针锋相对》

思想对人生最有害的破坏武器就是恐惧。恐惧能使人道德败坏、雄心泯灭、疾病丛生、成功无望，让自己和别人都不快乐。恐惧一无是处，《圣经》上说恐惧是邪恶。生理学家已经清楚地了解到恐惧能阻碍血液吸收养分造成身体虚弱。它使人意志消沉、身体无力，毫无成功希望。恐惧是年轻人悲伤的原因，是老年人最可怕的朋友。快乐在它的怒目而视下仓皇落逃，愉悦片刻都不能和它同居一室。

　　"在人类的各种病态心理中，对人体影响最大的就是恐惧。"威廉姆·霍尔库姆博士说，"恐惧按程度划分级别很多，由惊恐、恐惧、畏惧到最轻的忧心忡忡，不可知的未来都会引起人们不同程度的恐惧。恐惧的程度不同但实质都一样。极富创造力的生命受到神经系统影响而停滞，全身的各个组织器官出现了大量复杂病症。"

　　"恐惧就像给你的周围注入了碳酸气体，"霍勒斯·弗莱彻说，"它能引起思想、道德、精神窒息，有时会使你失去精力、不再生长发育，甚至造成机体死亡。"

　　从出生开始，我们就生活在恐惧这个恶魔的掌控之中。大人们一年里成千上万次地告诫孩子们要小心这个、提防那个。你一定要小心啊！你可能会中毒；你可能会被咬；你可能被害；如果你干了这个，或干了那个，你就要走霉运。等孩子长成成年人看见有害的动物或昆虫还是会害怕，因为小时候长辈就告诉他们这些有害的动物或昆虫会伤害到他们。最可怕的事情就是在孩子的脑海中刻上"恐惧"的印记，这就像是在小树上刻上"恐惧"这个词，随着年龄的增长，这个词会越来越大、越来越深。恐惧的可怕阴影会深深地刻在孩子的脑海中，影响他们的一生，将灿烂快乐的阳光永远屏蔽于外。

有位澳大利亚作家写道：

"对于成长中的孩子来说，最不幸的是有个患恐惧症的母亲。如果母亲患有恐惧症，无论是病态恐惧症、细小事物恐惧症、恐怖事物恐惧症，都不可避免地会使孩子的生长环境变得越来越恐怖。恐惧的原因是由于病人总是本能地或习惯性地感到要发生可怕的事情。母亲自己一动也不敢动，让孩子也一动也不要动。有时开恩让孩子动一动，也难免胡思乱想会发生各种各样可怕的事情。在慢性毒药的作用下，本来可以很甜蜜的生活变得越来越苦涩。

"我知道现在成千上万的孩子们整天战战兢兢、虚弱被动，身体反应不灵敏，就是因为在童年，甚至幼年时期，父母总是说他们想做的或要做的事危险性很大。有些母亲责任心太强，总是害怕孩子受伤，不让孩子做这做那，而很多事情都能让孩子更加勇敢、更加自强、忍耐力更强、自控力更强。"

"20多年来，我一直在研究犯罪心理和婴儿心理。"里诺·费里阿尼博士说，"成千上万次我不得不被迫承认百分之八十患有病态恐惧症的儿童是可以治愈的。只要用常规的精神和生理方法治疗，鼓励他们要健康积极地对待恐惧，他们是可以治好的。"

孩子很多时候不听话，妈妈和保姆们不满足用真人真事来吓唬孩子，觉得难以取得立竿见影的效果，她们就发明了各种各样的怪物和妖怪来吓唬孩子，让他们听话。孩子不睡觉，就吓唬孩子说："如果你再不睡，大狗熊就回来吃了你！"如果大狗熊真地来了，恐怕成年人也睡不了了。如果父母耐心告诉孩子黑夜和白天没有什么不同，那么孩子就不会怕黑了。父母没有向孩子理性地解释黑夜和白天的不同，而是编瞎话威胁孩子如果再不睡觉，食人妖和怪兽就会在黑夜出来吃了他们。这种瞎话非常残忍，无益孩子健康心灵的成长，有人用诗表达了出来：

他把孩子吓住了，

孩子不再玩了，也不再唱了，

他没犯什么罪，

只是可悲的道德错误。

妈妈们总是无谓地担心孩子，耗费了大量精力。如果孩子一离开她们的视线，她们就片刻不得安宁。多少次妈妈们想象着孩子从树上摔下来，或在屋里摔倒；多少次，当孩子们出门划船或滑雪，她们想象他们被水淹了，被雪掩了；多少次当孩子们出去打棒球或踢足球，她们想象孩子缺胳膊断腿，脸带伤疤回来了。她们忍受了几个小时的精神痛苦和折磨，情绪低落，身体萎靡，可什么也没发生，这几个小时是多么得不偿失啊！无谓的厄运想象使很多妈妈未老先衰。最糟的是很多妈妈认为为孩子担心是她们的光荣责任和义务，正是出于对孩子伟大的爱才使她们一直忧心忡忡。

母亲们终日忧心忡忡，将孩子笼罩在恐惧的气氛中，使他们对一切新的、没有想过或没有见过的东西都怀有恐惧之心。在恐惧和焦虑的心情笼罩之下，孩子们将整个世界想象得阴暗沉重就不足为奇了。如果你参加年轻人的聚会——无论这个聚会是多么快乐愉悦，你问任何一个最快乐的年轻人，都会发现恐惧正像蛆虫一样噬咬着他的内心。害怕出意外，害怕得病，害怕受穷，害怕死亡，害怕不幸，永远使那些看似快乐的人内心感到不安。成千上万的人在恐惧的阴影下度过一生，永远摆脱不掉对某种模糊不定的即将到来的灾难的恐惧。

很多人因为担心明天会发生什么不幸的事而使生命缩短了。很多家庭不愿意在娱乐上多花钱，他们不去旅游，不买流行杂志和画报，不去度假，不愿意从事任何花钱的文化和娱乐活动。他们舍不得花钱买衣服，甚至舍不得花钱买吃的，只是因为担心明年日子可能会过得更紧。"明年也许会出现经济恐慌，"悲观者总是这么说，"孩子们也许会生病，日子可能会更苦，庄稼可能会歉收，生意可能会赔钱。我们说不准会发生什么，但我们必须有所准备。"这样成千上万的家庭生活完蛋了，甚至彻底毁掉了，就因为可能出现的大衰神！

这种吝啬、焦虑、缺乏信心的生活方式最有害的地方就是阻碍了年轻人的成长，使他们的现在和未来一样暗淡无光。打个比方说，时间过得飞快，孩子今年本该上大学了。但父母却认为他们今年没法负担额外的大学学费，孩子们必须再等。每年父母的托词都是一样的——没钱，孩子们必须再等。

很多人事业受挫，失去了很多成功和升迁的机会，就是因为教育水平不够。父母总是想着根本不可能发生的消极情况，一而再、再而三地推迟孩子上大学的时间，难道他们不该为孩子的事业不顺负责吗？

合理的节约和勤俭持家应该受到鼓励，但总担心发生不幸的事情，就会使人放弃快乐、放弃教育、放弃学文化、放弃旅游、放弃读书、放弃一切纯洁美好的快乐，最后变得麻木迟钝，根本不会欣赏生活中的美。每个健康人都应该和狭隘、忧虑的思想作斗争。

想想吧，上帝让我们生存于世，并赋予我们获得快乐的一切能力，绝不是想让我们在忧虑、烦恼当中虚度一生，况且根本没有发生厄运！

有些人因为总是担心可能发生不幸，弄得心情焦虑、满脸皱纹、头发花白、满面愁容，这是多么可悲呀！1000个人当中没有一个人是因为生病而长皱纹，100万个人当中也没有一个人是因为生病而长白发！他们都是因为无谓的忧愁而引起的。因为根本不会发生的不幸，根本没有走过的桥（他们总担心走到桥中间的时候，桥会断掉）使他们的头发花白，皮肤失去弹性，满脸皱纹，生活没有任何快乐可言。我们天天担心大灾大难会临头，但大灾大难从没降临，相反现实中真正发生的不过是些小灾小难。

天天总是无谓地担心实际上极大浪费了人生精力！想想吧，担心根本不会发生的事情浪费了你多少精力和体力！想想吧，你终日为不可能发生的不幸谋划筹备，浪费了多少时间！

如果我们不再无谓地担心，生活就会立刻变得快乐和健康！塑造完美人格最重要的就是要排除、根除恐惧的各种有害影响。如果生活在恐惧之中，没人能活得健康、阳光、和谐、乐于助人；如果不破坏、不根除恐惧的细胞，没人能活得快乐、成功；如果人们能根除恐惧，世界将变得无比美好。每个人都有责任战胜自己内心深处的恐惧，并尽其所能使年轻人免遭恐惧这个妖魔鬼怪的掌控。思想家和科学调查人员已经证明人们能做到这一点。我们可以大胆地预言，未来的一代将不再受恐惧的折磨，他们能昂首挺胸、自信清醒地朝着完美的幸福迈进！

第五章

战胜恐惧

无论采取什么方法，克服恐惧都是塑造人格最重要的一环。克服了恐惧人将受益无穷。只有最终克服了恐惧，人类灵魂才能获得更高的力量，才能找到它真正的栖息之所。

恐惧是人类最大的敌人，但可以不需要用强迫的
方法就从人的思维习惯中完全根除掉。

——霍勒斯·弗莱彻

要想克服恐惧，首先就要弄清楚我们到底害怕什么。我
们担心害怕的往往是没有发生或根本不存在的东西。恐惧是想
象出来的东西，我们总为各种各样可能发生但实际根本不可能
发生的事情而感到恐惧。你害怕黄热病，是因为你害怕得黄热
病的痛苦，甚至害怕得黄热病会丢掉性命。如果你得过黄热病
却没死，你就没那么怕它了。黄热病对你的最大伤害不过是疼
痛和虚弱。但是恐惧加重了病情，得了本不该死的病也可能死

了。也许正是因为过于害怕才死的，往往是越害怕得病的人越容易传染上这种病。显微镜没能证明黄热病病毒的毒性在传播过程中有任何增强迹象。事实证明，黄热病毒对正常、健康和大胆无畏的人不起作用。

在新奥尔良①黄热病流行期间，起初大夫们还不能确认黄热病是传染病。有位年轻的北部女教师发着高烧来到密西西比州纳齐兹。人们让塞缪尔·卡特赖特大夫给她看病。威廉姆·H. 霍尔库姆博士后来说，第二天早上卡特赖特大夫将所有居民召集到旅馆门前，对他们说了下面的话：

"这位女士得了黄热病，但黄热病不会在人和人之间传染。她不会传染别人。如果你们听从我的建议，就不会引起全城的恐慌，恐慌才是瘟疫的温床。大家以后不要再谈论黄热病了，就好像根本没有人得过这种病一样。让旅馆的服务员照顾她吧，给她送花和好吃的。让我们所有人都像平常一样正常起居，我们不会有生病危险的。我们这么做，才能救她的命，也许最终能救更多人的命。"

所有人都同意他的建议，但有位女士因为独自住在旅馆最偏远的房间里，并不知道卡特赖特大夫说了这番话。那位年轻

---

① 美国港口城市。

的女教师康复了。只有那位独自居住的女士得了黄热病，虽然她后来也康复了。

"卡特赖特大夫享有很高的声望，人格非常富有魅力，"霍尔库姆博士说，"他消除了人们的恐慌情绪，防止了瘟疫流行。人们意识到精神力量能战胜疾病，是他发现并成功地运用这一治疗理念，他比任何英雄和政治家都更应该获得一座纪念碑。"

很多人都害怕走独木桥，如果在宽阔的马路上，画出条和独木桥一样窄的路让他们走，他们能走得很好，根本不担心失去平衡。人们不敢走独木桥，是因为害怕会掉下去。沉着冷静的人就是无所畏惧的人，是能完美控制身体的人，他不会让脑子片刻出现危险的意识。杂技演员只要能克服恐惧就能表演出令观众胆战心惊的惊险节目。有些节目需要特殊的训练、发达的肌肉、敏锐的眼神和判断力，但表演所有节目都需要冷静、无畏的头脑。

小孩害怕黑屋里会出现妖魔鬼怪，但父母却不会这么想。作为父母应该告诉孩子妖魔鬼怪根本不存在，这样他们就不会再害怕了。从没在草地上走过的孩子，当第一次踩在软软的草地上时，会很害怕。他们小心翼翼地走在草地上就像走在火红滚烫的铁板上一样。在草地上走根本没有危险，但孩子们却认为有危险，就是因为他们以前没在草地上走过。一旦他们确信根本没有危险，就不会害怕了。小时候不害怕，长大了也不会害怕。如果不是习惯、传统思想和错误的早期教育，人是不会有那么根深蒂固的恐惧感的。我们必须相信恐惧是头脑的错误想法，恐惧存在于意识中，而不是现实中。如果我们不在恐惧面前屈服，恐惧就伤害不到我们。能认识到这一点是人类的大幸！

很多人都害怕失去职位，总是担心这种不幸会发生的人日子过得很不好，但到目前为止这些人也没有被免职。只要没有被免职的危险，只要没被真的免职，他们遭的罪就是白遭。我们应该对目前的状况感到满意，如果真的被免职，再担心也没有用，以前的担心也白担心了，只会削弱你的力量，使你无力再竞争新的职位。总爱杞人忧天的人一旦失去旧职位就会担心还能不能再找到新职位。一旦找到新职位，以前一切的担心又白费了，所以无论在何时、在何种情况下担心都是不必要的。担心不过是对将来无谓的想象。

要想战胜恐惧，就要弄清恐惧的原因，使自己相信目前担心的事情只存在于想象里。无论厄运在未来是否会发生，现在担心都是浪费时间、浪费精力、浪费体能、浪费脑力。饮食不善就会引起腹痛，我们就会立刻不再吃了，同样道理，我们也不要再担心。如果你非要担心什么不可的话，那就担心恐惧会带来什么样的后果吧。你最终会克服恐惧的。

只相信恐惧是虚幻的还不够，还要训练自己时刻摆脱恐惧的束缚，同一切引起恐惧情绪的思想作斗争。我们必须时刻警惕、时刻小心恐惧会乘虚而入。脑子里哪怕稍微有一点担心，也不能让担心变成恐惧，像一片巨大的阴云笼罩在心头。你可以强迫自己想想别的事情，尤其是想想高兴愉快的事情。恐惧实际上是个人失败感的反映。你不要总想着自己是多么渺小无助；不要总想着工作没准备好；不要总想着自己注定要失败；要想着自己非常能干；要想着自己干起工作来驾轻就熟；要想着自己一直都全力以赴才有今天的成就，你就能把工作做好，而且还将接受更大的项目。无论你意识到还是没意识到，正是这种信念，才使你一步步走上更高的辉煌。

同样，内心欣喜快乐、充满希望、信心满满也能驱走恐惧，驱走每时每刻、每天每夜侵扰我们的各种各样的恐惧。刚开始，很难将自己从阴郁、低沉的情绪中解脱出来，很难让自己片刻逃离恐惧的魔爪。也许这时你需要帮助。你可以换换脑子、换换工作、做一些需要集中精力才能做好的工作。想想某件幽默、愉快的事，正如校园歌曲唱的"把无聊的担心全扔掉"。如果你能静下心来读书，读本有趣、幽默的书效果也很显著。

最大的恐惧莫过于对死亡的恐惧，很多作家为消除人们对死亡的恐惧写了很多书。死亡是神秘的，不管人们对死亡的看法如何，理性分析死亡都会使人消除对死亡的恐惧，不再认为身体因为失去生命而变得令人恐惧、令人望而却步。印度教徒对动物尸体的处理方法十分奇特，他们敬畏动物，不吃动物的肉，虽然我们认为动物的肉很香。要想不再害怕，首先得教会自己如何避免害怕，要让自己经常接触害怕的事物，熟悉害怕的事物。我们都知道马是很胆小的动物，训练马大胆就是让它多接触它害怕的东西。这种方法同样适用于让我们自己克服恐惧。霍勒斯·弗莱彻建议医院的解剖室应该向大众公开授课，这样就能消除人们对尸体毫无理性的恐惧了。

"无论坟墓里躺着什么，"W.E.H.莱基说："坟墓什么都不是。只有活人知道，也只有活人才知道在小小的盒子里，曾经有过的壮丽虚华，如今在慢慢地腐烂。人总是不自觉地想象自己已经死了，身体被放进了囚室，在最可憎的地牢里，在慢慢腐烂。中世纪艺术和现代艺术加深了人们对死亡的可怕想象。你要努力将这种想法从脑海中驱除。对死亡的恐惧实际上没什么，说穿了就是对坟墓的恐惧。我们从不担心剪掉的头发，因此也不应该担心失去生命的身体会怎样。它越早腐化成泥越好，根本没有必要想象它腐烂的过程。"

无论采取什么方法，克服恐惧都是塑造人格最重要的一环。克服了恐惧人将受益无穷。只有最终克服了恐惧，人类灵魂才能获得更高的力量，才能找到它真正的栖息之所——升入天堂，回到上帝的身边。

第六章

不良情绪能
扼杀生命

只有快乐才能激发活力、加速营养吸收，才能延年益寿。要善于在生活中寻找快乐的事，让自己快乐起来。我们要科学地研究如何快乐，理性地训练自己更加有技巧、有效地运用头脑使自己快乐起来。

生气和焦虑不但能使人萎靡、抑郁，甚至还会杀死人。

——霍勒斯·弗莱彻

再强烈的情感也会稍纵即逝。仇恨、愤怒、复仇都是恐惧的表现，不会持续很久。默默、执着地忍受最终会消除这些情感。

——埃尔伯特·哈伯德

恐惧并不是唯一给人以致命伤害的情感因素。内心脆弱的人在生命的危机时刻经不起任何负面情感，但心理健康的人受到负面情感的影响相对来说要少得多。勃然大怒导致很多人中风死亡。悲伤、妒忌和焦虑会使人渐渐发疯。因此不良情绪是会扼杀生命的。

在上面提到的各种能致死的负面情感中，大家最熟悉也是一致公认的就是悲伤。科勒乔①因为画了幅画人家只给了他40达克特（注：从前流通于欧洲各国的硬币）就生气致死。现在他画的那幅画成了德累斯顿②画廊的镇馆之宝。评论家批评济慈③的诗过于伤感，济慈因此郁郁而终。还有很多年轻的姑娘因为失恋而丧命。

突然大喜或大悲都能使人丧命。有一天当地的报纸报道说，丢失很久的孩子突然回来了，年迈的父母因为过于激动而死。当地的报纸还报道过有人突然继承了一大笔遗产，高兴过度而死。有个巴黎人因为中了彩票兴奋过度死了。纽约的科里亚夫人因为儿子突然带回来个儿媳妇，高兴过度死了。

---

① 科勒乔（1494—1534年），文艺复兴高潮期意大利画家，以其运用阴暗对照法著名。他的作品包括宗教画，如：1518年创作的帕尔马市圣保罗修道院的壁画。

② 德国萨克森邦首府。

③ 济慈（1795—1821年），英国最伟大的诗人之一，他的作品音调优美，古典意象丰富，包括写于1819年的《圣爱格妮斯之前夜》《希腊古瓮》和《秋颂》。

一般情况下，即便这些情绪不足以致人死亡，但对人的健康都是有害的。勃然大怒会接连几个小时抑制食欲、阻碍消化、使人躁动不安，造成人身体机能紊乱，进而造成精神紊乱。它能使美丽的容颜憔悴枯朽，甚至改变人的脾气秉性。哺乳期的妇女如果情绪不好就会使乳汁发生改变，影响到吃奶的孩子。极度愤怒或恐惧能引起黄疸①甚至呕吐。

嫉妒也会影响人的整个身体机能，是健康、幸福和成功的致命杀手之一。爱嫉妒的人如果不能停止嫉妒就会损伤健康、意志消沉，最终导致发疯、杀人或自杀。巴黎报纸的头条新闻就是"激情悲剧"。长期的痛恨不但会伤害到人的消化、吸收功能，扰乱内心的清净，而且会毁掉人美好的性格。

不良情绪能使人体内生成某种有害的化学物质，进而对身体产生不良影响。医学人士认为这些化学物质就像毒蛇的毒液一样，在恐惧和愤怒的影响下分泌。毒蛇有个液囊用来储存毒液，人类没有液囊，所以这些有毒的化学物质可以渗透到全身的各个组织器官。

埃尔默·盖茨教授在对不良情绪的研究方面领先其他科学

---

① 由于胆盐沉淀物引起的在眼白、皮肤和黏膜上形成的淡黄色污染。其引发影响胆囊正常活动的各种疾病，如肝炎等症状。

家一步，他说：

"我们都知道不良情绪像悲伤、痛苦和忧愁能影响人的分泌和排泄，这一点不奇怪。大家都观察到了受不良情绪影响的人会呼吸节奏变慢，血液循环变慢，消化情况受损，脸颊变得苍白，两眼无光，等等。"

盖茨教授通过各种方法和各种先进仪器测试出了人的疲劳点和反应期。他认为人在高兴的情况下比在抑郁的情况下身体、智能和意志力状况都更好。

"身体在正常情况下能够排泄新陈代谢的废物，"盖茨教授说，"这就毫不奇怪在极度伤心的时候眼泪会喷涌而出；在突然特别害怕的时候人的胃肠蠕动会加速，肾脏也做出相应反应，人就会有便意；长时间害怕人会浑身冒冷汗；生气的时候，嘴里会有苦味，这些现象主要是因为硫氰酸铵的排泄量猛增。害怕时出的汗和高兴时出的汗化学成分是不同的，甚至味道都不同。"

人体的这些反应实际上就是在排除毒素。盖茨教授接着说道：

"很多现象都表明悲伤痛苦的情绪减缓了身体废物的排出。而且，更糟糕的是，抑郁的情绪甚至直接引起毒素排放量的增加。与此相反，快乐愉悦的情绪能有效消除抑郁情绪的有毒影响，激发人体细胞潜能，将人的精力和营养物质储存起来。

"从这些实验我们得出有价值的结论，在伤心难过的时候要有意识地加大呼吸、排汗和排尿行为，加快毒素的排出。伤心难过的时候到户外去，玩他个大汗淋漓；回来洗个澡，将从皮肤排泄出来的毒素洗掉；而且要用一切你知道的排忧解难的办法，像看戏剧、读诗歌、欣赏艺术，尽可能地控制自己的心情朝幸福、快乐方向发展。但无论做什么都不能让自己变得更伤心、更难过，要穿就穿漂亮的衣服；要看就看喜剧，不看悲剧。快乐是使我们恢复活力的手段而不是目的。只有快乐才能激发活力、加速营养吸收，才能延年益寿。要善于在生活中寻找快乐的事，让自己快乐起来。我们要科学地研究如何快乐，理性地训练自己更加技巧、有效地运用头脑使自己快乐起来。通过合理训练就能将不良情绪从生命中剔除，获得永远的好心情。对此，我非常乐观，我认为人一定能做到。"

日复一日、年复一年地沉浸在悲伤之中对自己来说是犯罪，对周围的人来说也是犯罪。悲伤对任何人都没有好处，对伤心的人自己更是如此。你整日唉声叹气，不但自己不开心，别人也不开心。死者长已矣，他看到你悲悲切切的样子也会不高兴的，而你周围的人受你的抑郁所笼罩也会感到压抑、受伤害。你的感伤无非是一种顾影自怜的表现，是极端自私的表现。生命中曾经拥有的欢乐和舒适如今已经消逝，那么为什么不生活在曾经拥有过的美好记忆中呢？为什么就因为无法再享有同样的快乐就让你自己和别人痛苦呢？从瑞士度假回来的人，因为不能总待在幽幽山谷中欣赏美景就伤心哭泣，你会怎么想他呢？当然，你希望他重新快活起来。当他描述美景和快乐时，你多么希望他的眼睛能再次明亮，举止能再次灵活啊！

"因此，"霍勒斯·弗莱彻说，"应该说死亡并不是将相爱的人们活活拆散，你曾经拥有过他这就是莫大的荣幸，为此你应该心怀感激，而不应为他的逝去而遗憾。

"对于生离死别，我们更应该豁达一些：'别了，我最亲爱的人，你走向死亡，走向天国，这是自然界发展的必然结果；我也将很快随你而去，我的快乐与你相伴，相信你不会寂寞，也会永远快乐，你的快乐祝福我的爱；你给我的记忆将永驻我心。'"

正如霍勒斯·弗莱彻所说，生气的形式和原因有很多种，生气的根源就是恐惧。生气是因为害怕受到肉体伤害、害怕遭受物质损失、害怕失去快乐、害怕别人说了或做了什么而伤害到你们的名誉或友谊。充满自信、大义无畏、镇定自若的人是不会生气的，他所遭受的考验和磨难足以使另一个人一天歇斯底里、崩溃大怒好几十次。顺便插一句，"歇斯底里、崩溃大怒"确实是十分精确地描绘了生气的样子。人的精神和机体和谐在生气的时候全盘崩溃了，需要很久才能修复。

自控能力强的人就不容易生气。他能理性思考、判断形势后果。你生气是因为人家诽谤诬陷你。仔细想想，其实根本不值得为这样的小事生气。你生气是因为害怕别人相信你的人品和诽谤诬陷者所说的一样差。如果你很自信，觉得自己的名声不差，人家诽谤你对你来说就像狗叫一样，或者就当他说的是外语，你根本听不懂、不用搭理。如果你不想因为这点小事影响到你，你就根本不会受影响。你是什么样的人就是什么样的人，别人说什么都无所谓。米拉博对待诽谤的态度还是很明智的。在马赛作演讲的时候，人家说他是"诽谤者、骗子、杀人犯、浑蛋"。他说："先生们，我会耐心等待，总有一天这一切恶语中伤会烟消云散的。"

为别人的错误而生气是很愚蠢可笑的。这并不能使别人改正错误，也不能告诉他什么是错，什么是对，使他不再犯同样的错误。生气绝不是好办法。与其生气白白损耗掉体能，不如用更好的办法解决问题。

　　无论因为什么生气，你过后都会发现生气的原因都是微不足道的。爱发火的人第二天转念一想，就会觉得自己做得不对，就会回过头来道歉。如果你能用明天的观点来看待今天的事情，就不容易勃然大怒了。要培养乐观的情绪，对所有的人都要有爱心，你就很难再对他们发脾气了。内心充满乐观、充满爱，也就不容易嫉妒、愤怒。不良情绪会毁了你的幸福和健康，解决问题的法宝就在你自己身上，在你的思想上和行动上。很久以前，埃皮克提图[①]使用了这种方法，并说：

　　"想想你不生气的日子吧。我以前总生气；后来控制自己变成每三天生一回气；再接着，每四天生一回气。如果你能连续一个月不生气，就能很好地控制自己的情绪了，就应该感谢上帝了。"

---

　　① 埃皮克提图：公元前1世纪时的希腊斯多噶派哲学家、教师。

第七章

控制情绪

压力训练是变得坚强的不二法门。你能很好地控制自己、认真地工作，日复一日、年复一年地严格训练自己，你就能学会人生哲学中的至高真理——完美地控制自我。

　　真正的人应该知道自己需要的是什么，他总是严格按人生准则行事，从不会让情绪控制住自己。

——特鲁

　　当你遇到困难、诸事皆不顺的时候，当你四面楚歌、天空阴暗看不到一丝阳光的时候，正是你展示个人勇气、显示你个人品质的时候。如果你勇敢坚强，逆境会激发你的勇气。面对困境不屈服、不妥协，才是成功的基石。

　　早上起来，一想到困境你就会感到伤心难过、灰心丧气，要鼓起勇气，无论发生什么，都使那天成为你生命中最值得纪念的一天。如果那天你一如既往地抑郁消沉，那你就什么也干不成；如果你打起精神，你肯定能干成点什么。

人天性懒惰，遇到困难要么会越过去，要么会绕弯走。困难像恶龙一样尾随着你，夺走了你的幸福，如果你一味哀伤抑郁，绝不能杀死那条恶龙。不要逃避困难、绕开困难，要迎困难而上，抓住那条恶龙的头，掐死它！

"首先，"弗兰克·C.哈多克在《意志的力量》中说，"我们应该凭借顽强坚决的意志力完全消除生气、愤怒、嫉妒、抑郁、吃醋、郁闷、焦虑。它们都是生理学上的邪恶情绪；它们通过毒害、扭曲细胞，妨碍血液正常流通，干扰我们的思维，残害我们的身体；它们产生的毒素可以致人死命，并造成神经细胞分裂。它们能使身体长期虚弱，造成精神萎靡；它们能使人悲观失望，不抱理想，意志消沉。我们应该坚定地把它们从我们的生活中赶出去，永远也不要让它们再回来；我们要将它们杀死，让它们从我们面前彻底消失。只要你能做到这些，意志力就会大增，就能应对一切困难！"

如果你总是忧郁沮丧、多愁善感，如果你总喜欢担心什么事，担心犯了错阻碍你的事业发展，那你就永远无法摆脱这种情绪。总是处在这种情绪当中，只会使这种情绪加重。如果你能改变思路，想想高兴的事，欣赏一下美丽的艺术品，看看优美的大自然，读读有用的、励志的书，忧郁的情绪就会烟消云散。相信吧，阴霾终会散去，阳光依旧普照大地。威格斯夫人说："在难过的时候，笑一笑就能变得快乐；在自己痛苦难当的时候，想想别人也有苦处，就会释怀许多。要坚信太阳终会透过厚厚的云层照耀大地。"

有位非常快乐、非常阳光的女士告诉我，她曾经极度哀伤抑郁，但当她感到郁闷的时候，她就逼着自己唱快乐高兴的歌，弹活泼的钢琴曲，这样她就很快高兴起来了。

用良性情绪驱散不良情绪是非常好的办法，但前提是良性情绪一定要比不良情绪更具影响力。

"克服懒惰的唯一办法就是工作；"拉瑟福德说，"克服渺小自我的唯一办法就是奉献；克服怀疑的唯一办法就是按照基督的旨意摆脱疑虑；克服胆怯的唯一办法就是在你浑身发抖时全身心投入地做一件可怕的工作。"同样道理，克服不良情绪要用良性情绪充斥你的头脑和思维。这需要极高的意志力。克服缺点错误的好办法就是坚定地想着别人的优点，不断实践别人的优点，直到别人的优点变成你的优点。抑郁的时候想快乐的事、做快乐的事，你就能变得快乐。总是想象自己很快乐就能让自己变快乐。当你成为不良情绪的牺牲品时就对自己说："不良情绪不是真的，我心情不错，状态也很好，上帝从没想过让我这么难过。"你心里要总想着以往快乐幸福的时光，这样才能驱散阴郁的影子；要总想着做过的成功的事，这样才能赶走失败的郁闷。当悲伤来袭，要想着快乐的事。让希望帮助你，勾画未来靓丽成功的画卷。就这样用希望、用快乐包裹自己，只需几分钟，你就会惊异地发现，曾经一度侵扰你的抑郁消沉都已经烟消云散了。它们就像阴间的鬼魂经不起阳光的照射。此刻阳光、快乐、幸福、和谐是你最佳的保护神，不和、阴郁和疾病早已消失得无影无踪。《奥秘》杂志的一名作家说过："困难经不起我们的漠视和嘲笑。当我们远离困难，忘却它们，心里只想着更有趣的事，暗暗嘲笑它们，就会觉得它们无足轻重。它们就只能害臊地偷偷溜走，越变越小，不知躲到什么地方去了。"

　　只要竭尽全力，就能控制自己的情绪。受控于自身情感的人永远也不是自由人。面对思想上的敌人，仍然可以傲然挺立的人才是自由人。如果每天早上你都要自省一番，看看自己是不是很好地控制了情绪，是不是能做好当天的工作；当起床的时候非得看看自己的精神是否愉快，是勇气十足还是胆怯不已，那你就还是你自己的奴隶，你就不会成功也不会高兴。

每天早晨你充满自信地醒来，做一个人最该做也最能做好的工作，你的未来是多么不同啊！没有什么能妨碍你成功。你无所畏惧、无所怀疑、无所焦虑，你的情绪是那么高昂！

100万个人当中只有一个人面临危险困境时能镇定自若、意志坚强，其他人由于缺乏自信，受控于不良情绪而变得抑郁烦闷，人生最重要的一课就是学会坚强，这是成功的先决条件。只要努力，每个人都能学会坚强。一旦变得坚强，你就不必再羡慕别人能平静、毫不犹豫、充满自信地做事，带着国王般的尊严朝人生目标迈进。他们只不过是能正确地想问题，有效地控制情绪、控制自己、控制别人、控制形势。只要你愿意，你也可以和他们一样。

压力训练是变得坚强的不二法门。知道什么是对的就要做什么，即便你并不爱做。你能很好地控制自己、认真地工作，不管工作是多么难、多么令人讨厌。日复一日、年复一年地严格训练自己，你就能学会人生哲学中的至高真理——完美地控制自我。

第八章

悲观毫无用处

学会寻找阳光，对阴暗的、肮脏的、变态的、变形的、不和谐的要坚决说不。牢牢抓住能给你带来快乐，能帮助你、启发你的东西，你对事物的看法会发生翻天覆地的变化，你的性格也会很快发生改变。

　　大千世界总用你对待它的方式对待你：如果你微笑，它也报之以微笑；如果你皱眉，它也会报之以皱眉；如果你歌唱，它会邀请你加入快乐的歌咏队；如果你思考，思想家将会和你一起思索人生重大问题；如果你热爱这个世界，积极寻找这个世界的真善美，你不但会拥有一大群充满爱心的朋友，大自然还会把世界的宝藏送到你怀中。

　　　　　　　　　　　　　　　　——齐默曼

　　真奇怪很多人特别愿意迫不及待地自找麻烦、制造麻烦，这是多么愚蠢的行为啊！他们特别愿意自找麻烦，而且每次都是不找则已，一找一箩筐。这是因为心里老想着麻烦，就能制造出麻烦来。据说在西部刚刚开发的日子里，生活十分动荡危险，常常带着手枪、左轮枪和猎刀的人总惹麻烦，但什么武器也不带的人，相信自己的良知、自控能力和机智幽默，反而没什么麻烦。有些事对带枪者来说一定要诉诸武力不可，但对于不带枪的理智的人来说只不过是个玩笑。所以说自找麻烦的人会遇上麻烦。因为自己总是灰心失意、沮丧悲观、抑郁忧愁，所以他们更乐意接受消沉沮丧、毁灭性的东西。对于快乐的人来说这些都是不足挂齿的小事，应该一笑了之，然后抛之脑后；可爱发牢骚、悲观失意的人却总爱把它当作可怕的征兆，使他更感到有种难以言表的忧愁烦闷。

很多不快乐的人就这样养成了不快乐的习惯，他们老是抱怨天气不好、吃得不好、交通太拥挤、同事不招人喜欢。人早年养成的最不幸的习惯就是爱抱怨、爱批评、爱挑刺儿、爱找茬儿、爱看事物的阴暗面，因为过后人就成为了奴隶。人在坏习惯的驱使下变得越来越变态，最后变成慢性的悲观失意、玩世不恭。

有些人专门自找麻烦，成千上万的人都是自己无病找病。他们随身带着疟疾药、感冒药和治各种各样病的药，因为相信总有一天会得病。他们去欧洲旅行，差不多带上了个小型药铺，能治各种可能得上的病。也真奇怪，就是这些人总生病，要么得感冒，要么得传染病。而其他人总想着好事而不是坏事，从不觉得自己会生病，出国既不带药，也不得病。

有些人总觉得下水道有味儿，空气不新鲜，住的地方不卫生，不是地势太高就是太低，不是阳光过于充足就是太阴暗，反倒特别容易生疟疾。他们身体有点疼痛就觉得得了疟疾。当然，他们最终确实得了疟疾，因为是他们专找疟疾病生，希望得疟疾。如果发现没得病，他们还觉得失望呢。他们错就错在脑子"秀逗"了，如果脑子里总想着疟疾，总想着下水道的怪味，身体肯定有反应，这只不过是时间问题。

有些自找麻烦的人总是担心自己的胃有问题。他们脑子里有非常详细的食谱，吃什么东西好，什么东西不好，还偷偷希望能再找到一些不能消化的食品。他们每吃一口饭都觉得消化不良，觉得吃什么都伤身体。怀疑和害怕影响了消化，影响了胃液分泌，甚至完全阻断了胃液分泌，身体当然出问题了。

还有些特殊人群认为空气是诸多疾病的病源。现在整个法国都觉得空气传播疾病。美国人到巴黎晚上睡觉时随手开了窗，人家立刻警告他小心得红眼病、肺病、感冒，甚至有可能突然死亡。只要窗子打开，这些疑神疑鬼的人就觉得会感冒，结果他们还真的感冒了。恐惧和焦虑使人的抵抗力下降，成了弱不禁风的人。

如果自己的邻居得了病，那些希望自己得病的人肯定会得。如果孩子咳嗽了，或脸颊有点潮红，也不感到饿，他们就确定孩子肯定得了可怕的病。

最可悲的是很多人固执地认为自己得的病是遗传性的，最终会要了他们的命。他们觉得自己的心肺先天功能很差，消化功能很差，总想着大难要临头了；他们觉得自己来日无多，掰着手指头过日子，个人的抑郁影响了全家人的生活。像这样的人成千上万，他们最需要的是良好的精神状态，快乐、充满希望的人生观，并在乐观的人生观指导下积极地从事各种活动。但事实上是，他们最后都沦为江湖庸医的提款机。他们大把大把地吃着广告上介绍的药，可普通读者都知道那是假药；他们养富了一大批时髦大夫，然而自己的日子却越过越苦。我真希望自己有本事能让这些人觉醒，让他们意识到命运实际由自己的思想掌控。意志会治病、会起死回生，只要拥有坚强的意志就能摆脱精神和肉体疾病的困扰，就能使生命变得无比灿烂辉煌、无比神圣伟大。

很多人总抱怨时运不济、穷困潦倒。他们无论到哪儿都满脸写着不幸，到处宣扬自己是多么失败、多么倦怠、多么无力、多么毫无生气。他们总是抱怨，但从不想法做些什么改变一下状况。

我认识的一个聪明绝顶、精神健旺的年轻人开始自主创业，但他有个不好的习惯，总是说自己的生意不好。无论何时别人问他生意怎样，他都说："很糟，很糟，没生意可做，根本没生意可做。将就能糊口吧，根本赚不到钱，我希望把它给卖掉。干这行是个错误，要是拿薪水也许要好得多。"这个年轻人习惯这么说了，即便生意不错，他也这么说。渐渐地，他让人感到灰心丧气，说起话来也灰心丧气，让人感到厌烦，觉得这么个前途无量的年轻人毫无成功希望、毫无未来可言。

老板要是这样问题就大了，因为悲观的情绪会传染的。它会毁了雇员对自己的信心、对公司的信心。人们也不愿意为悲观失意的人工作。在快乐、乐观的气氛中而不是悲观失意的气氛中工作才能激发人们的活力，工作才能做得更多、更好。总说生意很差的人永远也不能比总说生意很好的人更成功。总把事情说得很差就会使思维向恶性、破坏性方向发展，而不是向积极创造性方向发展，而积极的创造性是事业成功的关键。悲观失意会造成不和谐的氛围。当一个人口口声声说日子很差的时候，生活是不可能蒸蒸日上的。

我们最大的敌人就是错误地运用想象力。很多不幸福、不快乐的人是因为他们总想象自己被虐待、被轻视、被忽略、被议论。他们想象自己是一切邪恶侵犯的目标，是嫉妒的对象，是各种病态心理的受害者。事实上，这些想法都是错觉，在现实中根本不存在。

悲观失意是最不幸的精神状态。它扼杀了幸福，扼杀了有用的人才；使人精神恍惚，生活变得一团糟。

总是悲观绝望的人让周围的气氛都变得悲观绝望，自己也永远那么可怜。他们总戴着墨镜看事情，把一切都看成丧礼，除了黑色其他什么也看不到。他们的生活之音永远是悲哀凄婉的小调。在他们的世界里找不到快乐和明媚。

这些人总说贫穷、失败、倒霉、命不好、日子难过，以至于整个人都浸泡在悲观失意中。他们原本有那么一点点快乐的天性，因为长期不去开发，渐渐萎缩消失殆尽。他的悲观情绪肆意膨胀，再也无法获得正常、健康、快乐的心情了。

这些人无论到哪里都带着悲观的情绪令人不愉快、不舒服。没人喜欢和他们交谈，因为他们总说些倒霉不幸的事。对他们来说，生活困难，经济拮据，世风日下。到后来，他们就越来越悲观，脾气越来越暴躁，精神状况不再平衡，变得病态、变态。人们害怕他们、畏惧他们，避而远之，就好像他们是毒气一样。

家里有这么个抑郁烦闷、看什么什么不顺眼的人，全家都受影响，家里不再有和谐宁静。这样的人和环境总是格格不入，自己也觉得不快乐，还总是竭尽所能让所有人都不快乐。这种思想状况不但容易诱发疾病，而且一旦得病还会无药可救。乔治·C.坦尼在疗养院生活过，他写道：

"帮助一个与周围的人和事都格格不入的人就好像要救一个溺水者，他想死，可我们偏不让他死。有些人花大量的时间就是为了给自己找新的负重。找到了，就特别高兴，立刻套在脖子上，使自己下沉得更快些。自甘沉沦的人其实内心深处也在和环境作着不懈的斗争，但没有什么比自找麻烦更能妨碍人恢复正常状态了。让那些头脑混乱、极度不满的人吃药或接受治疗无异于火上浇油。他肯定会更生气、更窝火，只有上帝才能治愈他们的心灵疾病。在用上帝的力量为他们治病的同时，还得靠吃药等医疗手段，同时必须让他们感到是上帝在用仁爱、用医药来给他们治病。上帝是那么仁慈和智慧，会为我们找到出路。我们感念上帝的恩德，感念他为我们做的一切，不论我们是否喜欢他为我们做的一切。"

"焦躁不安的人从不想自己到底为什么会这样。"A. J. 桑德森博士说，"但焦虑对身体的影响是一样的，在精神长期抑郁的影响下，身体机能削弱、衰退。如果某个身体器官由于其他原因受到损害，在两种因素的双重影响下，人会很快得病。

"如果疾病伴有剧痛，精神压抑更会严重阻碍身体康复，甚至加重病情。精神压抑甚至比疾病本身还要妨碍身体康复。精神力量是大自然赋予人类的战胜疾病的最佳法宝，失去了它，康复无从谈起。"

自找麻烦最具杀伤力、最令人讨厌的表现就是故意找茬儿，总是批评别人。有些人气量狭窄，一点儿也不宽宏大量。他们特别吝啬于夸奖别人，不承认别人的优点，总是批评别人的行为，表现出一种病态心理。

人不要自找麻烦、不要自找失败、不要自寻丑恶、不要自寻变态、不要挑刺、不要被骗。眼睛不要总盯着那些变态的人，要看上帝创造的杰出人才。在人生之初就要下定决心，不要批评也不要谴责别人，不要挑别人的毛病和短处。总爱找茬儿、总爱挑刺、喜欢讽刺挖苦、凡事总爱批评而不是表扬，是十分危险的习惯。它就像该死的虫子撕咬心头的玫瑰花蕾，会使你的生活变得动荡、变态甚至苦涩。

一旦养成这个坏习惯生活就会变得不和谐、不快乐。总爱挑刺儿的人不但毁了自己的性格，还会毁了自己的人格。

我们都喜欢阳光、聪明、快乐、充满希望的人，没人喜欢总爱抱怨、爱挑刺儿、爱诽谤人、爱中伤人的人。全世界的人都喜欢爱默生①，没人喜欢诺尔道②；都喜欢对未来充满希望、对自己的事业充满信心的人；都喜欢看人长处而不是人短处的人。无所事事的人喜欢传瞎话，他们舌如毒箭，激动起来乱发脾气，他们或许得到了片刻的满足，但过后就会受丑恶本性的惩罚，他们还奇怪为什么别人活得好好的，自己活得就不愉快呢？

人生要寻找真善美，而不是假恶丑；寻找高尚美好，而不是卑鄙龌龊；寻找阳光快乐，而不是阴暗抑郁；寻找信心希望，而不是悲观失望。看事物要看阳光的一面，而不是阴暗的

---

① 爱默生（1803—1882年），美国作家、哲学家和美国超越主义的中心人物。其诗歌、演说，特别是他的论文，例如 1836 年出版的《自然》，被认为是美国思想与文学表达发展的里程碑。

② 诺尔道（1849—1923年），匈牙利裔德国作家，欧洲犹太复国主义者领导人，其作品关注社会和道德问题。

一面。试试吧，其实将脸朝向阳光和朝向阴暗一样容易，但却使你发生翻天覆地的变化，可以使你由不满变得满意，由痛苦变得快乐，由失败变得成功，由垂头丧气变得意气风发。

学会寻找阳光，对阴暗的、肮脏的、变态的、变形的、不和谐的要坚决说不。牢牢抓住能给你带来快乐，能帮助你、启发你的东西，你对事物的看法会发生翻天覆地的变化，你的性格也会很快发生改变。

很多人都觉得如果环境不同就能快乐得多。事实是，环境和人的脾气、秉性没什么必然的联系。

我认识很多人失去亲爱的朋友，命运多劫难，但他们勇敢地和困难作斗争，永远那么快乐、充满希望，还激励了周围的人。

总是不高兴的人，总是抱怨环境不好、运气不好，兜里没钱的人要记住，成千上万的人和你的境遇一样，但比你快乐得多。

如果你总爱说生意不好、时运不济、朋友不义，应该改变一下思维，反过来看问题，很快就能改变思想、改变环境、改善条件。

坚强勇敢的人是不会让自己说话消极、思想消极的。他从不说"我不能"而说"我能"；他从不说"我会试试"而说"我会去做"。总是畏首畏尾、认为自己不行毁了无数年轻人和成年人。一旦养成消极、怀疑的习惯，就会打击自己的信心和锐气，就会成为渺小自我的奴仆。除非能改变思维、改变说话习惯、改变行为习惯，否则永远无法生活得自由愉快。

相信自己、相信上帝才能乐观、和谐。悲观思想对健康有害，对精神有害，对生意也无益。心态平衡的人永远不会怀疑什么，而且永远不会招惹麻烦。他知道健康和和谐才是人生唯一永恒的东西，疾病和不和谐都是暂时的，黑暗不会永远笼罩生命，一切只是因为光明还未到来。让自己保持平和的心态，生活就此会变得完全不同。

> 想想为什么会生病吧，急躁易怒的人
> 总会招致可怕的厄运，并甘愿享受痛苦。
> 在昏暗阴沉的时刻想想幸福和快乐，
> 回忆美好，忘却悲哀，
> 用意志享尽人生最后一丝甜蜜幸福。

第九章

愉快思维的力量

乐观的人具有悲观的人所没有的创造力。快乐幸福的人比抑郁沮丧的人更有意志力。快乐是大脑永恒的润滑剂，正是快乐驱散了磨难、担心、焦虑和悲惨的境遇。

乐观就是有信心能够成功。没有希望就没有收获。

——海伦·凯勒

生活中成功的人都是快乐幸福、充满希望的人。他们永远面带微笑做事，笑看人生的变化机遇，坦然面对艰辛磨难、成功顺利。

——查尔斯·金斯利

乐观的人具有悲观的人所没有的创造力。只有阳光快乐、充满希望、乐观向上的个性才能使生活由苦变甜，才能扫除人生道路上的荆棘泥泞。快乐幸福的人比抑郁沮丧的人更有意志力。快乐是大脑永恒的润滑剂，正是快乐驱散了磨难、担心、焦虑和悲惨的境遇。快乐的人生机器永不磨损，而悲观的人生轴承过于脆弱，经不起磨损，最后只能被淘汰。

"快乐是保持健康、治愈疾病的最重要因素。"A. J. 桑德森说。快乐不是药却起到药的作用。药物会使身体发生化学反应并产生大量废物，因此俗话说"是药三分毒"。而快乐是通过正常反应，影响人体的各个生理机能。它能使你的眼睛更明亮、皮肤更红润、脚步更轻快，提高整个身体机能。血液流速加快，输氧能力提高，疾病消失得无影无踪，人也就越来越健康。

亚拉巴马州①10来年前有个农民得了肺病。一天他在耕地的时候吐了大量的血，大夫告诉他由于失血过多，他可能会死。他只说他还没准备好要死呢，因此拖了很久，但也起不了身。他后来慢慢有了点力气，能坐起来了。后来就开始练习大笑，看见什么笑什么。他就这么一直练习大笑，虽然别人觉得根本没什么可笑的。他渐渐变得强壮结实起来。他说他敢肯定如果不是练习大笑他早就死了。

"大笑疗法"——以快乐取代烦恼、忧虑和抱怨，使很多

---

① 美国东南部一个州。

人摆脱了疾病的困扰，恢复了健康。只要抱怨挑刺，就是承认敌人有力量制服你，纵容你的劣根性把你的生活弄得一团糟。要打败妨碍我们快乐的敌人，否认它们的存在，将它们从我们的头脑中赶出去，因为它们只不过是我们头脑中的幻像。我们只承认和谐、健康、美丽、成功才是真实的，它们的对立面都是虚幻的。

"我竭尽全力，"有位伟大的哲学家说，"不让任何事情干扰到我，无论发生什么我都认为是好事，都应该感谢一切，这是我们的责任。如果不这么做，就是犯罪。"

约翰·卢伯克爵士也说过类似的话：

"如果每个人都信守《圣经》上所说的职责和幸福观，那么世界将变得越来越好、越来越明媚。我们必须尽可能地快乐，因为只有自己快乐，才能带给别人快乐。"

只有心态平和才能使自己健康、快乐。内心平和安详，身体机能才能有条不紊地正常工作。身体健康是要讲平衡的。平和的心态使人健康；纷乱、不平和的心态使人生病。

平静、专心致志地工作能成功，

生气、毛糙地工作会失败。

在平静、平和的心态下工作，工作成果自然、富有激情，而在偏执、烦躁的心情下工作却不会这样。平静祥和，就永远不会不满、焦虑和野心勃勃，就永远不会犯罪，就会远离无聊和邪恶。它永远与良知相伴，与诚实和公正为伍。

阳光的人更容易在生意场取得成功。无论谁都愿意和愉快、讨人喜欢的人打交道；无论谁都会本能地躲开脾气乖戾、易怒、让人瞧不起的人；无论谁都宁可少做点生意、多花点钱也要和乐观的人打交道。

当今的很多大企业家做起生意来都过于严肃、过于认真。如今在美国生活比全世界比历史上的任何时期都要奋发图强。生活太紧张、压力太大，因此我们需要不断地缓解压力。阳光、快乐、优雅的人就像在8月酷暑吹来的一股清新的海风。我们喜欢这样的人因为他使我们暂时忘却了紧张、压力。兴奋、快乐的旅游者们一年中有几个月会在乡间度过，乡村小店的店主翘首企望他们的到来。那时旅游者不但给他们带来了好生意，而且带来了兴奋和快乐。笑脸相迎、言语悦耳的店员比不讨人喜欢的店员更容易吸引顾客、卖的商品更多。大型企业的管理者和促销人员一定要特别讨人喜欢，善于调解各种矛盾，赢得人们的好感。新闻记者同样要靠朋友才能获得新闻采访的入场券，发现事实，找到新闻。所有的门都是为阳光的人敞开的，他是被人请进门的，而令人讨厌、爱讽刺挖苦、抑郁阴沉的人只能破门而入。礼貌、愉快和脾气好的人干别的工作也能干得不错。

雇员如果本人个性开朗聪明，不但自己过得幸福、快乐，而且事业也更顺利，钱挣得更多，提升得也越容易。埃默里·贝尔说她自己就是这样成功的：

"我过去很长一段时间性格是很郁闷的。有天早上我开始工作的时候，下定决心要用快乐思维法。我对自己说：'我已经注意到快乐思维对身体会产生有益的影响，所以我想试试看如果我的想法正确的话，快乐思维对其他方面会有什么好处。'我很好奇，我就这样不断试验，目标越来越坚定。我坚信，只要我快乐，世界也会对我越来越好。我很吃惊地发现，我的精神状态越来越好，腰板越来越笔直，脚步越来越轻快，就好像走在云里雾里一样。我几乎没有察觉到，有一次才突然发现，我总在微笑。在街上，我看见很多妇女的脸满是烦恼、焦虑、不满甚至是气愤。我很同情她们，我希望我感受到的阳光，她们也能感受到。

"一到办公室，我和会计见面就寒暄了几句，如果换一种心境我可能都不会那么做。我不是个天生头脑反应灵敏的人，那天我们俩的关系开头很好。她也感受到了我的善意。我的公司老板很忙，操心的事很多。我因为性格和所受的教育，非常敏感。他那天说我工作干得如何如何的话，平时我听了会觉得很受伤，但那天我下定决心不让任何事情毁了明媚的好心情，所以一点没生气，反而很高兴地回答他。他的脸色也舒展开了，那天我俩的关系开头也很好。那一整天，我都那么做，不让任何阴云毁了我美好的心情和别人美好的心情。回到家，我也那么做，原来我觉得在家时，家人有些疏远我，没人同情我，但那天我感受到了我们是那么情趣相投和情意融融。如果你能率先走出一步示好，别人也会向你示好的。"

"所以，姐妹们，如果你认为世界待你不好，不要犹疑，对自己说：'即便头发花白，我也要保持年轻的心态。即便生活并不顺利，我也要为自己高兴地活着，为别人高兴地活着，将阳光播撒给所有我遇到的人。'你就会发现花儿在你周围绽放；你再也不会缺少朋友、感到孤独。有了上帝的眷顾，你将感到平静安闲。"

世界已经有了太多的悲伤、痛苦、凄惨和疾病。它需要阳光，需要闪耀着幸福的快乐，需要勇气提升我们的信心。所有人都需要鼓励而不是打击。

阳光的人无论走到哪里都会播撒快乐和幸福，阴郁、伤感的人无论到哪里只会传播失望和悲观。有谁能衡量阳光的人的价值呢？每个人都会被阳光快乐的人吸引，而反感阴沉、郁闷、悲伤的人。我们羡慕有人能无论到何处都像精灵一样用全身的快乐感染周围的人。金钱、房产、土地和这种性格相比无足轻重。播撒阳光的能力比美丽的容貌更加宝贵，比物质财富更加值得人们珍藏。

生活在阳光里的人是多么富有啊！拥有阳光的性格是一笔多么巨大的财富啊！他无论到哪里都会发出快乐的光芒，播撒快乐的种子，使忧郁的心变得开朗，绝望的情绪变得快乐。如果你拥有快乐的性格，同时举止得体、人品高贵，那么没有任何物质财富能与你媲美。

这种财富并不难获得，阳光般的面孔是温暖、大度的内心的反映。阳光首先不是照耀在脸上，而是照耀在内心。脸上绽放的快乐微笑不过是内心阳光的流露。

对一切人都拥有一颗博爱之心，穿透人和人之间的篱栅，走入他们的内心深处，对所有人都播撒爱的种子，很快就能收获无价之宝——爱。只有当我们自己内心完美，才能理解和发现别人的美和高贵。能使别人感到轻松、愉快和自我满足，是千金难买的能力。

阳光的人能驱散所有人身上的阴郁、忧愁、担心和焦虑，就像太阳赶走一切黑暗一样。一屋子的人有一句没一句地聊着，都感到有些厌倦了，但当他走进人群中，立刻像暴雨后阳光透过厚厚的漆黑云层改变了气氛。每个人似乎都受到这个快乐的人的感染，又开始攀谈起来，时断时续的谈话重新变得活跃愉快起来，整个氛围变得轻松愉快，到处充满了欢笑。

在生活中，你能做的最大的一件事就是为他人服务，就像你能为工作和事业播撒快乐一样，你也可以为家庭和亲朋播撒快乐。这样，你不找生意，生意也会找上门，你不主动找朋友，也会结交知心朋友，整个社会都会为你敞开大门。快乐的性格是巨大的财富资本，是吸引人生幸运的磁石。

如果有必要，强迫自己学会发现别人的优点，发现别人的长处，仔细观察别人的优点和长处，并使它们发扬光大。看人不要看别人身上变态、撒谎、难懂、滑稽的东西，而要看到他也是上帝的作品，他也有优点。拉斯金说："不要想你自己的缺点，更不要想别人的缺点。从每个走近你的人身上发现优点和长处。尊重他，为能和他在一起感到快乐。如果可能，尽可能地模仿别人的长处和优点，变别人的长处和优点为自己的优点。你自己的缺点就会像秋日的落叶一样凋零。"

如果你在某个人身上确实没有发现任何可取之处，他没有任何优点和长处可言，也要下定决心绝不说他的半句坏话，就当作什么也没看到，这也会使你的生活大为不同。如果你只播撒快乐和祥和，你就会很快发现万事万物也会用同样的方式回馈。如果你总看到事物阳光的一面，你就会发现世界上其实无所谓烦恼，即便有一点点烦恼也会变成好事。你那爱生气的面庞和愤世嫉俗的话语掩盖了真实、健康、快乐的自己，赶快扔掉了吧！你将拥有人类一切美好的福祉。

> 抓住阳光！不要为
> 黑暗的浪涛哭泣！
> 生活是波涛翻滚的海洋，
> 我们只能面对。
> 穿越巨浪啊！不要迟疑，
> 战胜巨浪滔天，
> 在海的那边，
> 有一束耀眼的阳光！

谈谈快乐的事吧，没有你的哀愁，

世界也已经如此悲伤。没有一条路会永远坎坷。

寻找那平坦敞亮的大路吧。

长期的压力已经使你疲惫不堪，放轻松吧，

你的不满、悲伤和痛苦已经太多，放轻松吧！

　　　　　　　　——埃拉·惠勒·威尔科克斯

第十章

否定扼杀潜能

无论做什么，如果你不认为你有能力去做，你就永远也做不成。只有感到自己有能力去做，并在心里想好怎样去做，你才能做好。在实现目标的过程中，要不断自我坚定信心、鼓足勇气。

　　要完全放弃对自我的否定，自我否定只能让你想起你想忘记的东西。单纯地口头描述我们想忘记的情形和事实，也在脑海中形成了不好的印象，对自己起不好的暗示作用。

——阿格尼丝·普罗克特

　　持否定态度只会让你一事无成。否定意味着日渐衰退、破坏直至死亡。否定态度是有可能成功者的最大敌人。总爱把事情说得很糟，总爱抱怨日子艰苦、生意难做，反而更容易招致破坏性的负面影响，使你的努力白费。

　　那些想事爱往坏里想，说话也总爱说丧气话的人是不会有建设性思维的，因为他的想法和积极乐观的思维南辕北辙，他根本无法积极乐观地思考问题。创造性思维和否定、破坏性思维是风马牛不相及的，怀着否定、破坏性思维去工作只能一事无成。所以习惯于否定思维的人总在走下坡路，做什么事都是失败。他们没有主见、随波逐流、举步不前。

年轻的朋友们，如果一味沉浸在否定思维当中，会扼杀你的雄心壮志，会毒杀你的生命，会剥夺你的力量，会泯灭你的自信心，你将成为自己的奴隶而不是自己的主人。有自信心的人才有能力做事。无论做什么，如果你不认为你有能力去做，你就永远也做不成。只有感到自己有能力去做，并在心里想好怎样去做，你才能做好。"磨刀不误砍柴工"，"工欲善其事，必先利其器"。做事前，一定要在脑子里想好，再动手去做。

你心中满怀疑虑，对事情有所排斥，那么就不会把事情顺利地做好。没人能摆脱强加在自己身上的束缚和限制。想要飞黄腾达，就要超越思维界限，将所有否定的想法扔到爪哇国去。在成功之前只想着成功，不能想着失败。在实现目标的过程中，要不断自我坚定信心、鼓足勇气。

小男孩在早上说："我起不来床，根本起不来；试了也白试。"除非他下定决心，有充分的信心，觉得自己能够起得了床，否则他永远也起不来。

如果他总是说"我起不来床，试了也白试。我知道我自己不行。别人行，可我不行"，那么他永远也不能早起。如果他总想着自己功课学不好、题不会做，总想着自己考不上大学，那他就永远也做不到这些事。很快，他就成了"我不行"这种慢性病的重症患者，成为否定思维的牺牲品。"我不行"成了他的生活习惯和口头禅。一切自尊、自信和个人能力都将付之一炬。他还没出门就已经失败了。

相反，一个总说"我行"的人，无论遇到多么大的艰难险阻，都会说："我要坚持做下去。"在做事的过程中，他越来越坚定，自信心越来越强，做事的能力也越来越高，最后他就成功了。

如果老是不务正业想着医学或工程问题，律师是无法在本职工作中有所建树的。要想成为名律师，除了法律条文和案件，别的什么都不能想，只能想着法律。你必须废寝忘食，完全沉浸在法律条文中。如果脑子天马行空地胡思乱想，总想着跟本职工作无关的事情，还能把工作做得很好，这是绝对不合乎科学道理的。总是想着自己不行、自己无能，但还希望获得坚强、充满活力的意志，这种思维也是很愚蠢、很荒谬的。

只要你总想着自己的身体、精神和思维上的弱点，你就无法达到所期望的成功高度，无法实现你的最高理想。

只要你允许脑海中存在破坏性的否定思维，你就无法拥有创造力，你就永远是个弱者。

总想着坏事、倒霉之事、失败之事的人，他的人生必定也多灾多难。如果女孩总想着自己多么丑陋、多么土气，那她的外表和气质永远也不可能变得漂亮、洋气起来。如果她想变得漂亮，她脑子里就必须想着自己是最漂亮的姑娘，并且不断努力，装扮自己的外表，提高自己的气质。只有内心想着自己一定会变得漂亮，她才能变得漂亮。如果她总想着自己很丑、甚至畸形，总是为自己长得很难看而伤心，那她永远也不能变得漂亮。

年轻人就是因为总想着自己无能、自己有缺点，在事业上才驻足不前的，这是多么不幸啊！将这些虚幻的魔鬼、这些可恶的敌人从成功和幸福的道路上赶走，从你的脑海中赶出去。奋力爬出绝望的山谷，走出毒害你的沼气池，摆脱使你多年窒息的卑鄙纠缠，走入清新的空气中，尽享力量与美，你就能有所成就，你就能成为一个了不起的人。

　　如果你能意识到正是病态的想法、失败的想法打消了你的士气，使原本能够成功的你变得稀松平庸，你就不会甘于沉沦在失败的山谷中，甘于生活在社会的底层。

　　当你被贫穷的想法所监禁、所奴役，相信自己就是个穷命，天生就是倒霉蛋，永远也不可能像别人那样有钱，你怎么可能自由、怎么可能富有、怎么可能快乐呢？

　　如果你对自己的能力缺乏信心，认为机会是别人的，机遇永远也不可能垂青自己，你怎么可能为富裕而奋斗呢？当你总想着自己会失败，你又怎么可能奋发图强、不断努力呢？你不相信自己能够挣脱篱栅的束缚，没有办法树立自信心和勇气，给自己一个正确的评价，为自己找个恰当的落脚点。你总想着贫穷，念叨着贫穷，做事像个穷人，连做梦都梦见自己是个穷人，这就难怪你为什么不走运了。

　　你把自己变成了专吸霉运的吸铁石，拒绝一切成功，只吸引失败，并且渐渐地使自己失去力量，不能摆脱病态、死亡的环境。

　　很多人在自我强加的病态心理中无奈度日。他们意识到自己思想中存在病态心理，但不能进入健康状态。脑子里病态心理根深蒂固，最终影响了他们的身体健康。

比如，你相信自己有某种可怕疾病的遗传基因，例如癌症，而且大夫跟你说40岁以后癌症病症就会显现出来。于是你期盼着癌症病症的出现，本来身上只是一般疼痛，但却恶变成肿瘤。

有个年轻的姑娘，身体十分娇弱，动不动就感冒。还在幼年时期别人就告诉她要特别注意身体，因为她从她妈妈那儿遗传了得肺结核的可能性，她妈妈就是死于肺结核。肺结核的阴影和结核病对身体的破坏作用在年轻的生命中留下了深深的烙印，妨碍了她健康快乐的成长和自我免疫功能的发挥。她最后还真得了肺结核追随她母亲而去了。

总是担惊受怕会毁了人的胃口、干扰人的消化、妨碍营养的吸收，最后身体就会变得虚弱。如果这些还不足以让病人丧失信心、打击她的生存欲望，旁边人还会对她说她脸色很差，她越来越瘦了。他们总说："小心点儿，要知道你妈就是受了风寒得感冒死的。"他们让她吃好多鱼肝油和营养品，但这些营养品和精神的抗病能力相比无足轻重。他们残忍地剥夺了上帝赋予每个人的自我保护能力。孩子美好的心灵会自然地感到自己是受上帝保护的，因为人就是上帝模仿自己的样子造出来的，上帝会保护自己的孩子，没有谁能改变这个事实，但他们却破坏了孩子心中美丽的想法。

　　看着那么多人一辈子这样苟延残喘地生活，拖着即将要把他们压垮的重负，最终被可怕的命运压垮、被可恶的疾病击倒，这是多么令人心痛啊！而这都是由于祖先的罪过造成的。这就好比爸爸犯了抢劫罪或杀人罪，儿子就得蹲监狱、上绞架一样。年轻人应该尽早摆脱这种诅咒的哲学束缚。持有这种人生哲学不但残忍而且荒谬。有阳光就会有阴影，有爱就会有恨，有和谐就会有隐藏的不和，大自然就是这样，没什么好奇怪的。上帝不会这样毁灭我们的生活和未来。这些可怕的图画都是那些不信神的画家自己画出来的。无论我们出生在何种人家，我们都有无穷的力量战胜各种困难。

第十一章

肯定创造力量

　　如果你坚信自己有能力完成任务，相信自己能完成任何事情，毫不畏惧困难，毫不畏惧挫折，就没有什么能阻挡你成功的脚步。永远相信自己有能力成功，永远坚定地做下去，就能使我们超越困难、战胜挫折、笑对不幸，就能使我们更加有力量获得成功。

　　肯定就是有意识地说出事实，让事实成为表达人生的指导力量。

　　只有认为自己能行的人才行！世上只有有着坚定信心的人才有路可走。别人遇到障碍物会举步不前，遇到绊脚石会摔倒，只有藐视障碍物、藐视绊脚石的人才有路可走。爱默生说的那种"能将马车开到星星上去"的人比像蜗牛一样慢吞吞的人更容易实现自己的目标。

　　自信是成功之父。它能使你能力增强、精力充沛、意志力突出、能力加倍。

　　你的想法使你自己更加相信；更加相信使你更加坚定；更加坚定使你更加自信。如果你不自信、不坚定、犹豫不决，只怕会一事无成。有些人一点儿也不坚定，他们很容易为他人的观点所左右。假使他们下定决心做什么事，他们的决心也可能随时动摇，碰到一点点挫折就会偏离既定的目标。那些坚定的人不得不为他们扼腕叹息，不得不为他们感到遗憾。这样的人反复无常，根本靠不住。他们无法下决心，无法做决定。

如果人没有下决心的能力，那他还算是个真正的人吗？他的承诺非常肤浅，说话不算话，没人能信赖他。他也许是个好人，但他不能让你信任。如果发生了什么要紧的事，没人会想起去找他。如果不能下定决心做什么事，人一辈子只能一事无成。只有意志坚定，敢以自己的性命做担保，这样的人才无比坚强，下了决心也会坚持到底，这样的人才是可信赖的人。他有影响力，说话有分量，即便有人持反对意见，只要他一张口，就能拍板。

如果你知道凡事坚持的力量，明白一旦下定决心就要坚持到底，无论做什么你都会成功，你的生命将发生翻天覆地的变化。

我们一直在谈论意志的力量。意志实际是决心的另外一种表现形式。下定决心做事和肯定自己有能力做事实际上是一回事。如果你无法确定自己有某种能力完成工作，你就永远也不能完成工作。如果你坚信自己有能力完成任务，相信自己能完成任何事情，毫不畏惧困难，毫不畏惧挫折，就没有什么能阻挡你成功的脚步。永远相信自己有能力成功，永远坚定地做下去，就能使我们超越困难、战胜挫折、笑对不幸，就能使我们更加有力量获得成功。坚定的信心使我们更加聪慧、更加有力量、更加顽强地走向成功。

不断地肯定自我才能增强勇气，而勇气是信心的基石。当你身处困境，要对自己说"我别无选择，我只能去做"，"我能做到"，"我会做到"。这样你不但会勇气倍增、自信心更强，而且胆怯、畏缩也会消失得无影无踪。但凡能增强积极因素的力量都会削弱消极因素的力量。

只有怀着积极的心态才能克服困难，消极的心态是永远也达不到目的的。除此之外，还需要力量。大多数人的心理素质都是自信、积极、进取的，但需要相应的思维指导才能发挥和应用。没有这些，心理素质积极的人也成不了独当一面的领袖。首先他必须学习，必须模仿，把消极思维变为积极思维，变怀疑为肯定，变退缩为勇往直前。只有坚决、果敢、积极的人才能成功。

如果你想在世上有所建树，就不能让"不幸"这个字眼片刻占据你的思维，不要认为自己比别人都倒霉得多。用尽你所有的力量否认自己是不幸的。训练自己永远不要让自己觉得自己的精神、身体和思想上有很多缺点。不要认为自己是个弱者，别人能做自己却做不了；不要觉得自己有缺欠，只满足于在世上充当次要角色。要像掐死毒蛇一样，掐死对自己的怀疑，因为怀疑威胁到你生命的质量。永远不说、不想、不写自己的贫穷和不幸。将一切约束你、妨碍你、使你藐小、使你情绪低落的东西从生命中剔除。上帝从没有造出这些东西，更没想让它们侵扰你、折磨你。他创造你就是为了让你快乐，就是为了让你战胜困难。

坚信上帝对所有人都是公平的，我们很多时候都是在作茧自缚。无论发生什么，从容淡定，保持乐观，因为生活中本无悲观的事。坚信正义终将战胜邪恶，只有真实、高贵才是最后的赢家。相信自己是最幸运的一个。要庆幸自己生得其时、生得其所。要相信天生我才必有用，有用之才唯有我。你是天地间最幸运的人，天赐良机、身体健康、学识渊博，你注定会有所成就。

如果你失业正忍受贫穷，你要忘掉贫穷，想着上帝已经为你准备好大笔的财富等着你去享用。要坚决否认自己很穷、很苦、很不幸，要想着自己很好、很精神、很坚强，你一定会成功，你也注定会成功。要相信上帝已经安排好你成为了不起的人，你来到这个世界是有任务和目的的，上帝赋予你能力和机会实现这个梦想。

当你下定决心要获得成功，请让周遭的一切都预示成功。让你的举止、你的衣着、你的交往、你的谈吐都透露出成功，让你自己浑身散发成功的气质。

每天早上醒来，你可以用一些励志的话不断激励自己，一心想着成功、想着富裕、和谐，渐渐的你就会发现这么做好处非常多。这样在日常工作中就不容易出现不和谐。如果你还是怀疑自己是否有能力做什么事，训练自己要变得坚定自信。你身上的力量、自信、勇气、正直和健康是永远不能动摇的。这将会使你更加坚强，做起事来更加驾轻就熟、富有活力。

长期坚持这些理想，渐渐的你的人生观也会发生改变。你会用新的观点方法去看待和处理问题，生活也被赋予了新的意义。不断地肯定自我会使你和环境更加和谐，使你自己感到满足和快乐，这对你的身体来说是绝佳的滋补品。它会帮你培养个人力量，使你头脑清醒、思维敏捷。大脑机器干净，思维才能敏捷，下决定才能坚决果断。

如果你缺少某种优秀、积极的品质，不断地肯定自我也能帮助你获得这种优良品质。如果你生性胆小，就要增强勇气，不断告诉自己你无所畏惧。你勇气卓绝，没有什么能吓倒你。你要清楚害怕就是因为感到有危险，当你非常肯定上帝派你来世上的目的，非常相信上帝对你的期盼，就没有理由感到畏惧。人生只有一件伟大事业，其他都是虚假的。你必须逐渐摆脱恐惧感，获得你期望的勇气。

每次当你感到恐惧都要对自己说："我无所畏惧，没有什么可怕的，恐惧是不真实的情感，事实上也没什么可怕的事情。我害怕只不过是因为我没有勇气，我不明白上帝为什么安排我来到这个世界。"爱默生了解人生哲学的真谛，他说："不断肯定自我，不要抱怨时运不济，为一切美好的事物歌唱吧。"

如果你不希望心里担心的不好的事情会发生，就不要总把它放在心上。远远躲开有毒的思想、使你抑郁悲伤的思想，就像本能地躲开对身体的伤害一样。不要总是陷入不和谐、不愉快、脆弱、痛苦的思绪里，用快乐、充满希望、乐观的思绪代替消极的思绪。当你感到悲伤、忧郁、失望、灰心丧气，要养成习惯多想想愉快轻松的事，仔细想想，会想起很多事情，哪怕只是一个词、一件小事，你会很惊异地发现你的整个思路都变了。当思路变了，感觉也变了，你的勇气和信心不断提高，但同渺小的自我的战争只打赢了一半。你很快发现周围的环境也变了。未来更充满希望，你对人生的态度也越来越积极健康。你的信心滋养了你的勇气，光明即将赶走黑暗。

如果你能不断地自我肯定；如果你的目标单一明确；如果你集中所有的力量和注意力，你梦想的一切、渴望的一切都会唾手可得。只有全力以赴地做事，你才会成功，无论你追求的是健康、金钱还是地位。经常不断地提醒自己要坚持，集中所有的注意力，当你足够积极并且创造力也足够的时候，你所期盼的东西就会降临到你身边，就像空中的东西受地球的引力总会掉到地上一样。把自己变成一块磁石吧，吸引一切好运气！

第十二章

思想如影响力
一样永放光芒

做一个永远传播成功气息、健康气息、快乐气息、鼓舞气息、帮助气息的人，无论到哪里都播撒阳光。你将会成为对社会有用的人，能为他人减负，为他人铺路，为他人抚平伤口，为失意的人带来安慰。

看看兄弟的眼睛，那双眼睛时而闪烁温柔的火光，时而燃烧愤怒的火焰。你平静的双眼有时也会被它们点燃愤怒的火焰，甚至彼此浇旺愤怒的火焰，直到愤怒的火焰失去控制，演变成熊熊大火。仇恨是这样一点一点积累的，同样爱也是这样一点一点浇灌的。人们常说神奇的美德可以由一个人传递给另一个人，恨和愤怒也可以一个人传导给另一个人。

——卡莱尔

思想指导生活，思想永不枯竭，永远指导生活。思想不是肉体或精神的因犯。思想具有无比强大的影响力，时时刻刻从我们身上散发出去，可能会造福他人也可能会滋生祸端。

"天才和虔诚教徒的思想改变了世界。"爱默生说。他所指的思想包括写在书本上的，布道坛上的教士说出来的，还包括平日普通人说的。甚至我们内心没有表达出来的思想也会影响到我们周围的人、影响到世界。

每个人都拥有独特的气质，彰显自己的个性、抱负和渴望。你的气质是由控制一切的思想决定的。你的每个行为都流露出你的抱负。每个和你接触过的人都会感受到你的气质。

别人对你的评价主要来自你的思想而不是你的谈吐。不要以为言谈才是你的名片，也不要以为别人是通过你在众人面前的表现评价你的。实际上起决定作用的是你的思想。你的思想决定别人对你的看法。他们能感受到你的思想是高贵还是低贱，是有力还是无力，是纯洁还是肮脏，是崇高还是藐小。人们能通过你无声的思想表露感受到真实的你，同时给你公平的评价。事实上，这种评价才是永久的，即便你口口声声说别人的观点是错误的。正如爱默生所说："你说话的声音很大，可我听不到你说什么。"气质是真实自我的表露。你的表现必定是真实的自我，不可能是虚假的。无论你装成什么样，别人还是会看清你，给你一个公正的评价，而不会评价你虚伪的外表。

通过分析别人对你的影响，你可以准确地评价你对别人的影响。你了解你的朋友是因为你感受到了他们对你的影响力。你知道，无论你犯了什么错，他们都会同样宽宏大量、仁慈包容。他们总是不断地将他们的思想照耀到你的心田。

如果他内心怀有敌意，如果他小肚鸡肠，无论他装成什么样，无论他多么令人愉快、多么讨人喜欢、多么体贴入微，他也不是装出来的那个样子，我们本能地会感受到他在演戏，本能地看出他真实的自我。他以为他骗得了我们，可我们已经本能地感到他是什么样的人了。

我们总听人说："我真受不了那个人了，他让我浑身起鸡皮疙瘩。"很多虚伪的人竭尽所能装出一副伪善的外表来，总想着自己是天才的表演艺术家，能成功地骗倒所有人。

无论在家还是在办公室，无论和任何人接触，思想的流露都起着重要的作用。我们要加倍努力、小心谨慎地使自己思想的光芒能够永远帮助人、鼓舞人、善待人。

哪怕只有一次我们使快乐的人变得忧郁、高兴的人变得郁闷、充满希望的人灰心失意、充满抱负的人垂头丧气，哪怕只有一次，我们对他的伤害就足以超过数年的伤害了。你吃惊地发现，因为你残忍的思想影响，他的一生都变成了活生生的废墟。很多人不是向他人传播爱、传播信心，而是这儿捅一刀、那儿刺一剑，残忍、恶意地挖苦，冷嘲热讽，严厉地批评，无端地嫉妒。

阴郁、消沉、垂头丧气的人，无论走到哪儿都散播消极情绪，影响了周围的气氛。他们的身上只有沉重、压抑和悲伤。在这种氛围中，是无法成功和无法幸福的。希望谈不上，快乐更是不可能的。人们想笑也不敢笑，甜蜜、快乐的笑脸被阴云笼罩。你感到如果再这样生活下去就会发疯的。当他拖着阴郁消失在我们的视线外时，你如释重负。

很多人让人感到小气、卑鄙。他也使我们变得小气、卑鄙，而我们原来并不认为自己会是这样，甚至自己都瞧不起自己了。婚姻使丈夫和妻子表现出不讨人喜欢的一面，而他们以前从没觉得自己有这样的缺点。

有人能释放出毒气一样的气氛，让能接触到的所有东西都中毒。无论我们以前感到他是多么宽宏大量、包容仁慈，但当他走近我们的时候，我们内心还是会感到不寒而栗。像受惊的河蚌，我们立刻闭上嘴巴不再说话，直到感觉已不再危险。直到他走出我们的视线，我们才又变得谈笑风生、应对自如。和这样的人在一起，我们就浑身不自在。我们试图友好地对他，但总感到有些做作，和他在一起就是没有和老朋友在一起的感觉。他一走，我们立刻感到轻松许多，就好像胸中的一块大石头被搬走了一样，我们又恢复了自我。

有人就像营养品、像兴奋剂、像让人无比清新的微风。他让我们感到自己像获得了新生一样。他鼓舞我们、激励我们，使我们反应更加灵敏、更加聪慧。他们打开我们语言和情感的闸门，唤醒我们内心诗一般的感情。

他们用人格魅力感染了我们，而我们也用人格魅力感染了其他人。我们的感受、我们的信仰、我们的情感和我们根深蒂固的信念都会感染其他人。我们的所思所想、所作所为无一不在我们的只言片语、举止谈吐中流露出来。精神状态是传染的，和我们接触的人会很快感受到。如果我们的精神和谐、平静、坚强、健康，无论到哪里，我们都会将健康、平静、和谐传播给其他人。

相反，如果你心存疑虑，如果你意志消沉，就会将消沉的意志传染给别人。总爱自我贬低、怀疑一切、害怕失败的人，又怎能获得别人的信任和帮助呢？如果你卑鄙小气、小肚鸡肠，就会将这些情绪传染给周围的人。

如果你自私，你就会不自觉地传染自私的思想。周围所有人都会感到你卑鄙小气，都会给你一个公允的评判。

如果你是个守财奴，贪得无厌，而你又无法摆脱贪婪，你就会为此受到惩罚。如果你小气抠门儿，就不会让人觉得慷慨大方；如果你的人生观使生活中的美都变得丑恶，如果你的个性卑鄙小气，你就无法将美好播撒世界；如果你满脑子想的是抑郁悲戚、令人害怕的想法，你也只能将同样的想法传播给别人。你是渴望金钱和名誉，还是真心想帮助别人，都会决定你能产生什么样的影响。

我们此刻表露的是思想，要是我们能控制我们的思想，使我们的思想干净、纯洁、真实，而不是肮脏、萎靡、犹疑，该有多好啊！

如果你总怀疑仆人手脚不干净，那么他们原本很诚实也会变得不诚实。你总是怀疑他，最后，他的内心就真的会萌生偷盗的想法，真的去行窃。

如果没有充分证据证明别人不诚实，就不要怀疑人家，否则是很残忍的。别人的精神也是神圣的，你没有任何权利用你肮脏的想法胡乱猜疑别人。你脑子里根本就不应该有这种卑鄙的想法，就像你不允许心里有犯罪思想一样。有些人就是因为别人总用残忍、恶意的眼光看他们，因此多年来一直生活得凄凉、痛苦、抑郁、沮丧。

有些人无论到哪儿都散布恐惧、怀疑和失败思想。这些情绪占据了他的思想，他本可以是十分自由，本可以快乐、自信和成功的。

当你对别人怀有恶意、怀有不健康的想法、怀有不和谐的想法、怀有病态心理、怀有恶毒的心理，你自己的心理就已经有问题了。你要大声喊出来："停！向后转！彻底改变你自己！"看看阳光，看看这美好的世界，如果你不能为世界做善事，至少你可以不散播有毒的种子，不散播邪恶、憎恨的毒液。

永远对每一个人都友善、友爱、慈爱、慷慨、大度。这样你就不会使他们感到压抑，不会阻碍他们成功的脚步。永远播撒阳光和快乐，而不是悲伤和阴影；播撒帮助和鼓励，而不是拆台和泄气。

做一个永远传播成功气息、健康气息、快乐气息、鼓舞气息、帮助气息的人，无论到哪里都播撒阳光。你将会成为对社会有用的人，能为他人减负，为他人铺路，为他人抚平伤口，为失意的人带来安慰。

学会播撒快乐吧！不要吝啬，不要小气，慷慨大方地播撒快乐吧！毫无保留地播撒快乐吧！把它播撒到家庭里，播撒到大街上，播撒到汽车里，播撒到商店里，播撒到每一个角落，让玫瑰绽放美丽、吐露芬芳！

当全世界的人们都知道爱能治愈心灵的创伤，能抚慰伤口；和谐、美丽、真实的思想能使我们崇高、美丽、高贵，而仇恨只能带来破坏、死亡和痛苦，他们就明白生活的真正含义了。

第十三章

思想带来成功

　　做大事的人都是十分果敢的。他们能力非凡，从不知道什么是不行。他们意志坚定、能力超群，任何困境都难不倒他们。当他们下定决心做事的时候，他们理所应当地认为没什么能妨碍他们。

敢于自称为王的人，

会平静地等待，

匆匆的命运充分满足

他的要求。

——海伦·威廉姆斯

有人给非常强壮的人施了催眠术，让他相信自己被施了魔法，无力再从椅子上站起来，直到魔法解除。娇弱的女人在着大火或发大水时能背得动比她沉得多的人脱离危险。这两个例子都是关于身体的，但都说明精神而不是身体决定了结果。完成任务需要或完全需要精神潜能力量，这样才能成功。精神和思维的力量是多么强大啊！全世界的征服者，无论是在战场、生意场或内心战场，都是靠精神的力量才取得胜利的。

我多么希望能让年轻人知道精神的伟大力量，了解精神首先胜利才能获得成功。要相信天赋我才，相信自己一定会成功。上帝让我们来到这个世上，就是让我们成功而不是让我们失败的，如果失败就破坏了他的计划。要彻底改变我们的生活，抛弃一切疾病和烦恼。

总认为自己不行，总认为自己无法摆脱环境的束缚，总认为自己是环境的牺牲品，就会削弱我们的能力，我们本来能够富裕也会贫穷，本来能够成功也会失败。这种想法是病态的，必然造成病态的结果。人天生具有控制一切的能力，可你偏偏束缚了自己，使自己变得软弱。最终你只获得了贫穷、悲惨、奴役，而不是富裕、幸福和自由。如果不相信自己能摆脱可悲的境地，又怎能成功呢？如果总觉得自己不能成功，又怎能成功呢？如果不是志向高远，又怎能一飞冲天呢？如果所思、所想、所说、所做只有失败，又怎能成功呢？人不能同时朝两个方向走。如果怀疑就不能肯定，除非能将"命中注定""我不行""怀疑"这样的字眼从你的字典里删除，否则永远不能崛起。如果相信自己很脆弱，就永远不能强壮；如果永远沉浸在痛苦和不幸中，就永远不能快乐。

那些总是想、总是说自己身体不好的人，其实也想变得健康强壮，如果他想他就能。尽管他怀疑自己有能力做事，他也总希望自己有能力变得坚强、活跃。没有什么比总觉得自己软弱，总怀疑自己有能力做事，更能摧毁人的意志，使人无法正常思维的了。

很多人还没开始做事就已经失败了，因为他们怀疑自己没有能力。当你开始起步创业的时候，如果怀疑自己，无疑就像敞开大门让敌人攻进你的军营，让奸细出卖你一样。疑虑是失败家族的一员，一旦让它走进你的家里，轰又轰不走，接着"放宽心先生""高兴点儿先生""别在意先生"和"等待先生"等其他几位家庭成员也会蜂拥而至。脑子里一旦只有这些"先生们"，他们就会吸引和他们一样的"先生们"，你就不再有希望，不再有抱负了。当你无所事事甘愿做个失败者，你对富裕的渴望、对成功的热切就都烟消云散了。你不再有精力，也不再有能力获得成功。你的思想和行为无一不流露出失败的情绪。

承认自己有弱点，就是承认失败，你也就完蛋了。失去毅力也就是失去希望，你已经放弃了奋斗，而别人根本帮不了你。世上最让人瞧不起的事莫过于看到一个人屈服了、放弃了，说自己"不行了""没用了""全世界都抛弃我了""我真是倒了八辈子霉了"。如果总想着自己已经摔倒了，那你就永远也不能再站起来，就只能眼睁睁看着别人成功。只有改变思路，才能改变境遇。如果总说自己倒霉，又怎能走运呢？如果总想着自己是条可怜虫，那你就永远也成不了龙。你无法超越自我，无法改变自我。如果你认为自己确实不快乐、不走运、很可怜，你就会永远这样。除非你改变你的想法，否则世上根本没有什么灵丹妙药能让你摆脱困境。逆向思维能使身体状况发生逆向改变，就像阳光和雨露注定会使玫瑰绽放一样。想要成功、想要快乐没什么秘诀，要在科学规律中寻求。

做大事的人都是十分果敢的。他们能力非凡，从不知道什么是不行。他们意志坚定、能力超群，任何困境都难不倒他们。当他们下定决心做事的时候，他们理所应当地认为没什么能妨碍他们。他们心中从没有任何疑虑和恐惧，无论别人怎么嘲笑他们，甚至说他们是怪胎，他们也不在乎。事实上，几乎所有成功的人在他们成功以前都被人叫过怪胎。现代文明进步使这些伟人具有无比的自信心，他们不屈不挠，坚信"天将降大任于鄙人"，即便遭遇再大的挫折，也没有什么能动摇他们的信心。正是他们推动了人类历史向前发展。

当人们谩骂哥白尼①和伽利略②是怪胎、是疯子的时候，如果他们放弃了科学，世界又会是什么样子呢？他们坚信地球是圆的，地球围着太阳转，现代科学正是建立在他们的理论基础上的。当全欧洲人都嘲笑哥伦布，说他是怪胎的时候，假如哥伦布失去信心，放弃寻找新大陆，世界又会是什么样子呢？假如赛勒斯·韦斯特·菲尔德③在大西洋铺设电缆的时候，电缆一段一段地断了，他十几年的辛苦付诸东流。他就此放弃，那世界又会是什么样子呢？亲友们说他是在浪费金钱，他会破产而死的。如果他听从了他们的劝告，世界又会是什么样子呢？有本书写到船无法装载足够的煤穿过大西洋，富尔顿④偏不信这个邪，他不顾人们的嘲讽，坚持研究。如果富尔顿放弃了研究，那世界又会是什么样子呢？他活着看到他设计的船载

---

① 哥白尼（1473—1543年），波兰天文学家，他提出地球及其他行星绕太阳运动的日心说，推翻了托勒密的天文学理论即地心体系。

② 伽利略（1564—1642年），意大利物理学家和天文学家。

③ 赛勒斯·韦斯特·菲尔德（1819—1892年），美国商人及金融家，他设计并监督了横贯大西洋的电缆铺设工程，并于1866年完成。

④ 富尔顿（1765—1815年），美国工程师和发明家，1800年发明了第一艘实用潜艇和鱼雷，1807年制造了第一艘可航行汽船。

着那本书穿越了大西洋！亚历山大·格雷厄姆·贝尔[①]为做电话试验，花掉了最后一美元钱，全世界的人都叫他怪胎。如果他失去信心，放弃接着做试验，那世界又会是什么样子呢？

萨佛纳罗拉[②]初到佛罗伦萨[③]时，只是个衣衫褴褛、名不见经传的教士。他看到由于教会奢华堕落、趋炎附势、追求享乐，劳苦大众民不聊生，他下定决心要改善穷苦人民的生活水平。尽管当地教会不断用金钱贿赂他，但他从不为所动，坚持自己的理想。当时美第奇［注：意大利贵族家庭，他们家族出了三个教皇：利奥十世，克莱蒙七世及利奥十一世及两个法国皇后凯瑟琳·美第奇和玛丽·美第奇。大科西莫（1389—1464）是这个家庭中第一个统治佛罗伦萨的人］是佛罗伦萨的最高统治者。那时的罗马教皇——举世闻名的亚历山大六世只愿意和有钱有势的人打交道。但这一切并没有打垮我们乐观自信的宗教改革家——萨佛纳罗拉，他几乎是单枪匹马地和一切

---

① 亚历山大·格雷厄姆·贝尔（1847—1922年），苏格兰裔美籍电话发明者。1876年他用他的装置第一次进行了电传导讲话声音的表演。贝尔还发明了一种早期助听器听力计，并改进了留声机。

② 萨佛纳罗拉（1452—1498年），意大利改革家，道明教会的僧侣，他有大量追随者，在1494年将美第奇家族逐出佛罗伦萨。他后来因批评教皇亚历山大六世而被逐出教会并处死。

③ 佛罗伦萨，意大利中部城市，位于比萨城东的阿尔诺河畔。

邪恶势力作斗争，坚信正义终会胜利。他最后成功地推翻了美第奇的独裁统治，建立起他梦想中的国度，那里"正义统治一切"。萨佛纳罗拉最后被处死了，但后来又被封为殉道士、圣徒。他帮助实行了新教改革，完成了自己的远大理想。

议会召见詹姆斯·沃尔夫①，告诉他议会选他做加拿大英军总司令，并问他是否有信心结束加拿大的战争。沃尔夫长剑一挥，削断了桌子，表示自己完全有信心。议员们非常反感这种自负和自大，都后悔不该选他做总司令。这位年轻的将领率领部队纵横驰骋于亚伯拉罕平原②，他的自信使他击败了蒙特卡姆领导的法国军队。

拿破仑、俾斯麦③、雨果④和其他许多伟人都有无比崇高的信仰，别人也许会敌视他们、嘲笑他们，但信仰是成功的基

① 詹姆斯·沃尔夫（1727—1759年），在加拿大的英国将军，1759年他在魁北克打败法军但受了重伤。

② 亚伯拉罕平原，加拿大魁北克城北部相邻的一片土地。1759年在法国和印度之战中，英国人在詹姆斯·沃尔夫将军的带领下，在这场决定性战役中击败了路易斯·蒙特卡姆将军率领的法国军队，这场胜利使英国在加拿大占据了优势地位。

③ 俾斯麦（1815—1898年），德国政治家，德意志帝国第一任首相。

④ 雨果（1802—1885年），法国作家，1851年拿破仑掌权后被驱逐，1870年返回法国。他的小说包括1831年的《巴黎圣母院》和1862年的《悲惨世界》。

本要素。信仰使他们普通的能力一倍、两倍、三倍甚至四倍地放大。除此之外，我们又怎能解释马丁·路德①、卫斯理②和萨佛纳罗拉的成功呢？如果没有这种崇高的信仰，没有对自己从事事业的执着，那个娇弱的农村姑娘——圣女贞德③又怎能指挥起一支法国军队呢？她又怎能领导上万人的军队呢？正是信仰使她增添了无穷的力量，甚至国王都服从她的意见。

当我们的祖国面临内战的威胁，那位谦逊、朴实的林肯④对一些政治家们说，如果选他当总统，他当选后能控制住政府。想想出生在小木屋的人，没有受过很高的教育，竟有如此的自信心！再想想格兰特（注：1822—1885年，从1869年到1877年任美国第十八任总统和内战时期的将领。在1862—1863

---

① 马丁·路德（1483—1546年），德国神学家、欧洲宗教改革运动的领袖。他反对教会阶层的富有和腐败，认为只要在信仰的基础上即可获得超度，而不须借助于教会的典籍，这些观点使他于1521年与天主教会脱离。他肯定了1530年的奥格斯堡忏悔会，成功地建立了路德教会。

② 卫斯理（1703—1791年），英国宗教领袖。1738年他创建了卫理公会。他的兄弟——查理斯写了上千首赞歌，其中包括《听，预言天使的歌唱》。

③ 贞德，法国军事领袖、女英雄。受其宗教幻像的激励和指引，她组织了法国的抵抗运动并于1429年迫使英军结束对奥尔良的围困。同年，她率领一支12000人的军队进军到兰斯，并将王太子加冕为查尔斯七世。1430年被勃艮第人俘虏并出卖给英军，后来被控异端邪说及巫术而受到审判并在鲁昂被烧死在火刑柱上。1920年她被封为圣徒。

④ 林肯（1809—1865年），美国第十六任总统，以解放黑奴著称于世。

年威克斯堡战役中获胜后，1864年他被任命为联邦军队总司令并接受了罗伯特·李将军在1865年阿波马托克斯的投降。其两届总统任期因普遍的贪污和腐化而遭到非议）将军的自信吧：两年前他还是个名不见经传的商人，出了他的社交圈没人认识他。他告诉林肯总统他能结束战争。他真的结束了战争，尽管遭到了大众最苛刻的谴责。如果当年林肯总统和格兰特将军因为大众责难而失去信心，不再进行斗争，美国还会是现在这个样子吗？

在格兰特将军之前，还没有谁像他那样那么充满自信。他毫不怀疑自己的自信心，因此他能完全控制住形势。他知道只要有兵有将有机会，他就能打败敌人。其他的将军多多少少总有些犹疑，因此打的胜仗有限。

正是这种伟大的自信心和对正义事业的执着让杰克逊（注：1767—1845年，美国将军，于1829—1837年任美国第七任总统）领着一小股军队在新奥尔良①给训练有素的英军以致命

---

① 新奥尔良，美国路易斯安那州东南部城市，位于密西西比河和庞恰特雷息湖之间。

一击。也正是这种自信使泰勒①在布埃纳维斯塔②率领5000名美军击败了由圣·安纳③率领的两万人军队。

信心，绝对的信心能创造奇迹、获得成功，而怀疑只会破坏和阻碍。

坚定的信心能消除疑虑、犹疑和其他干扰，更加专心致志、全力以赴地做事。它能使人执着向前，不受外力的干扰。

许多成功的发现者、发明者、改革家和将军们都具有这样似乎能征服一切的信心。如果我们仔细分析失败人物的例子，就会发现，很多人都缺乏成功人士普遍拥有的自信。我们无从知晓上帝给了成功人士什么锦囊密令，让他们此生完成怎样的壮举，但他们对自己无比自信，也相信自己有能力完成上帝的使命。如果上帝没有赋予我们力量，他就不会嘲笑我们没有信

---

① 泰勒，1784—1850年，1849—1850年任美国第十二任总统。在1832年黑鹰战争和1835—1837年第二次西米诺尔战争中任陆军军官，在1846—1848年墨西哥战争期间成为民族英雄，1848年被选为总统。上任不到两年死在任上。

② 布埃纳维斯塔，墨西哥北部的一个地区，紧临萨约提南部。在墨西哥战争中，由查克瑞·泰勒率领的美军于1847年2月22日至23日打败了由圣·安纳率领的墨西哥军队。

③ 圣·安纳（1795—1876年），墨西哥军事和政治领导人，曾试图平息得克萨斯叛乱，在1836年阿拉莫胜利后，他很快被击败并且成为得克萨斯人的俘虏。在墨西哥战争期间，他在1846—1847年的几场重要的战斗中都输给了查克瑞·泰勒将军。

心完成他赋予我们的使命。

不要让你自己或任何人动摇你对自己的信心，破坏你对自己的信心，这是任何成功的基础。没了信心，人会整个垮掉的。只要有信心，就有希望。内心怀有极大的、不可动摇的信心，有时甚至让人觉得狂妄自大，但这是成功所必需的。

自信能帮助自卑的人消除恐惧、犹疑、焦虑，消除一切成功的敌人，去获得他想要的一切。如果心存焦虑，就不能用心工作。举棋不定的心理会导致举棋不定的行为。一定要下定决心，否则就不会有行动，就不会有成果。没受过教育的人相信自己，相信自己有能力做好一切，他们的勇气甚至让那些受过高等教育的人感到惭愧。受过教育的人往往过于敏感，显得信心不足，脑子里全是些自相矛盾的说法，又充满偏见，因此做事时就犹豫不决。

没受过教育的人自信、坚强、活跃、果敢，他们没有细腻的情感，没有更敏感、更世俗的思想。他们的意志不会为什么理论所削弱，也不会为他们不知道的知识所干扰。他只知勇往直前，而受过教育的人往往会踟蹰不前。

不当教育往往造成年轻人缺乏信心、胆小怕事。上大学之前，年轻人还是信心满满，认为自己无所不能，并且敢于宣称自己无所不能，可毕业后这些精神特质都消失殆尽了。他们越来越胆小怕事，做起事越来越畏首畏尾，严重阻碍了他们能力的发挥。

　　大家都知道，大学者一般都是事事退让、胆小怕事，凡事毫无决断。他们不好张扬，处处不显山不露水。他们的理想性格就是谦卑和忍耐。这些品格使他们很好相处，但不会帮助他们成功。没有自信、抱负和张扬，对他们来说也是很不幸的。无论身处怎样的困境，都要保持积极进取、敢于冒险的精神，否则成功的脚步就会受阻。

第十四章

自信战胜一切

　　相信自己有能力完成任务的人都是个性积极、坚强的人。有霸气的人才能掌控一切，他浑身散发着自信和信心，能消除旁人的疑虑，旁人受他的果敢和信心的感染，相信他有能力能够成功。

信念能战胜命运。如果你认为遇到的人和事都是
上天的安排，就永远不会扣动反抗的扳机。这种思维
方式的结果就是顺从。

———卡莱尔

光有果敢、执着、自信还不足以成功，要想成功还需要
别人对你有信心。别人对你的信心完完全全和你的自信心成正
比，和你的人格对别人的影响成正比。你的思想观念决定了别
人对你的信心有多少。你的果敢坚强时时刻刻在感染别人。它
以某种方式影响到你接触的每一个人，尤其是你想掌控的人，
无论是老师、传教士、检察官、销售员、商人还是你将来的雇

员。信心以一种神奇的力量影响着别人。如果你有信心，会吃惊地发现它会很快影响别人，使他们更加信赖你，信赖你有能力做事。信赖使你享有声望和信誉。

相信自己有能力完成任务的人都是个性积极、坚强的人。有霸气的人才能掌控一切，他浑身散发着自信和信心，能消除旁人的疑虑，旁人受他的果敢和信心的感染，相信他有能力能够成功。人们相信有计划、有谋略的人，他知道自己想要什么，他从不犹豫不决，只是坚定做事。而他好像诸事顺利事事成功。不喜欢缺乏自信的人是很容易和自信满满的人站在一起的。缺乏自信的人往往容易摔跤、丧失信心，而信心十足的人常常要风得风、要雨得雨。人性的特点常常是顺水推舟、落井下石。人越是顺利，越有人帮助；越是不顺，越有人拆台。如果你对自己缺乏信心，那么整个世界就对你缺乏信心。

我们会情不自禁地仰慕充满自信的人。他永远不会遭到嘲笑、遭到唾骂、遭到贬损。贫穷不会使他失意，不幸不会使他消沉，困境不会使他偏离航向。无论发生什么，他都会紧紧盯着目标前进。在开始打仗之前，具有坚毅的面庞和钢铁般的意志就已经赢了一半了。我就认识一个做任何事都坚持不懈一直做到底的人，他取得了巨大的成功，因为他从不犹疑，从不怀疑自己做事的能力。他自信，甚至有时自傲，不把任何人放在眼里，但是人们就是臣服于他的自信。其他心思缜密、足智多谋的人总爱讨论可能性和可行性，总爱举棋不定、犹豫不决，可他不，他就是干。这种人迫使反对者也相信他有能力，而不是理性分析他到底有没有能力。如果你能力一般，但雄心勃勃、自信满满，就能击败比你强大得多的敌人，就能取得更大的成就。相反，即便能力超群，但胆小怕事、唯唯诺诺，也无法取得同样的成就。有些博而不专的老师比那些学术精湛的老师教得好10倍。这句话让人觉得没道理，但事实就是如此。学术精湛的老师就好像茶壶煮饺子，不能把知识有效地传授给学生，不能让学生很好地掌握知识。学富五车可又教不好学生的老师唯一的改进办法就是培养和提高自信心，才能给学生以深刻的印象。

无论做什么工作，我们极大依赖别人对我们信任，信任我们能制订并履行计划，能生产出高质量的产品，能管理好员工，能满足雇主和公众的要求。有时时间紧迫、工作任务繁重，我们没有时间细细考量他是否有自己所表白的能力完成工作。因此，在很大程度上人们往往先接受他对自己的评价，然后给他机会证明自己。如果你亮出你的律师证，人们当然相信你就是一名律师，并且称职。当然在工作中，也许人们会得出相反的结论。同样的道理，大夫也不必向每位病人逐一证明他学过医师课程，并且已经通过考试了。

承认自己不行，哪怕让自己有片刻的疑虑，都会让失败有可乘之机。要坚信，不要犹疑，无论前路是多么黑暗。怀疑自己，周围的人就会立刻感受到，就会破坏别人对你的信任。很多人失败就是因为他们散布了失望情绪，使周围的人也悲观失望。

如果你是老板，你的雇员会轻而易举地判断出你像个战胜者带着征服感和信心来上班，还是像个失败者带着怀疑和绝望来上班。通过你的脸色、你的举止就能判断出你今天做生意会赢还是会输。

自信心对销售行业比对其他行业要重要得多，无论你是销售代表、销售员还是店员。

在各种各样的销售行业中，伟大的销售员都会运用催眠法，用精神影响顾客。很多顾客都是想买不买、犹犹豫豫的，如果销售员能非常技巧地说句话，顾客可能就会掏腰包了。销售员可以帮助顾客缩小挑选范围，主动降价，或帮助顾客把商品先包起来，优秀的销售员有很多办法让顾客下决心掏钱。要想熟练运用这些销售技巧，销售员必须坚定、果敢、自信，这样才能影响到顾客的购买意愿。如果上门销售员流露出一丁点的疑虑，顾客就会立刻找机会逃掉，无论你费多少唇舌都无济于事。

坚定的意志和精神力量对老师来说尤为重要。思维混乱、焦虑烦躁的老师会使一屋子的学生都乱了套，而平和、稳重、从不发脾气的老师会让同样的学生老老实实好好学习。老师必须克服学生对老师天生的抵触情绪，让学生喜欢自己，调解同学间的纠纷，让毛毛糙糙的小脑袋瓜平静下来，让那些总是三心二意的小脑袋瓜专心学习，让他们背诵很多难懂的知识。只有完美人格才能做到这一切，老师的教育过程实际就是个性的释放过程。年轻人很容易受别人的影响，很容易感受别人的内心想法，他们知道老师是不是在意他们、是不是想帮助他们。自私、没有同情心的老师，学生也能感受到。没有同情心、没有爱、不愿意帮助人的人是绝对不适合当老师的。

第十五章

塑造人格

必须坚定自己的思想，并付诸行动，直到思想能控制大脑，成为行动自觉。根据"学习、学习、再学习"的原则不断实践，让思想溶化在血液中。最后，他的行动就会体现出高贵的品格。

最常见的自欺欺人是，当你有了个好主意，就总做白日梦想象自己实现了，但实际上并没有实现。有了好主意当然是好，可如果没有坚强的品格实现它，它只不过是肥皂泡而已。

——莫祖达

年轻的女士可以数年一天几个小时练习弹钢琴、练习发声唱歌；年轻人可以一连数年努力学习一门求职手段；艺术家可以用半辈子的时间画一幅画；作家可以数年构思一本小说。但他们都不愿意用一点时间塑造自己的人格，这多不可思议啊！只有完美的人格才能使你在任何情况下都心灵平静、知足幸福。你花费一生最美好的时光只为赚几千万、几百万元钱，这多令人遗憾啊!你起早贪黑地工作，却从没想过每天只要花几分钟的时间就能塑造健康、和谐、令自己满意的人格，无论发生什么挫折和失败，都会心态平和、镇定自若，这多么令人可惜呀!

多数人都认为，无须特殊训练，至关重要的人格就会自然而然地形成。也许如果你出身优越、成长环境良好，可能会自然而然地形成美好的人格，但大多数人都需要目标明确、积极努力才能获得。正如赫伯特·斯潘塞所说："如果不是政治的冶炼，我们不可能将铅一般的本能变成金子般的行动。本质是可以改变的，改造的对象不同就要用不同的方法，修枝剪枝是为了使树沿着笔直的方向生长。具有金子般人格的人才能做出金子般的行动。"

当树芽刚刚从土里冒出来，很容易就使它朝我们希望的方向生长，让它长成我们希望的样子。修剪是为了它长成大树的时候更加美丽、对称。妈妈如果知道该如何教育孩子，让他远离一切成长中的敌人，摆脱一切恐惧、焦虑、沮丧、病态心理、失败情绪、邪恶思想和公认的不道德思想，她就知道怎样轻而易举地教育好自己的子女。

　　过去人们在塑造人格的过程中特别注重改正个人缺点。父母一天成百上千次地提醒孩子，你有这个毛病、那个毛病，直到孩子们脑子有了根深蒂固的想法，认为那些缺点错误是与生俱来的、根本改变不了的。这种塑造孩子人格的办法无异于脑子里总想着失败却要成功一样。总想着自己的缺点、罪过和错误会加深缺点、罪过和错误对人的影响，最后根本无法改掉。因为总想着自己的缺点，渐渐地就会拒绝培养优点。有些医学院的学生总是读某种疾病的资料，渐渐地自己就会出现这种病的病症，甚至真的得这种病。同样道理，总想着优点，就会获得成功和快乐。所以积极培养和提示优点有助于人塑造最健康的人格。

　　要告诉孩子们说话要非常小心，语言不是抽象的东西，它会在别人的脑海中产生某种印象，不同的语言有天壤之别。幸福还是快乐，成功还是失败，都在于用什么样的语言。帮助孩子们用好的语言很容易，好的语言能描绘美妙的生活画卷，带来快乐、光明、和平、舒适和幸福。要去除不和谐、刺耳的语言，它们污染了我们的思想，最终毁掉了我们的人格和生活。

　　现在幼儿园都在做各种各样的游戏，唤醒和培养孩子美好的品质。例如"公平游戏""勇气游戏"就是训练培养孩子们的能力和人格的，据说对孩子产生了非常好的影响。例如不断让孩子们做"礼貌游戏"，男孩子渐渐就会培养出一种骑士精神和礼貌，见到女士能想都不用想就会脱帽致意。

理想家庭是不断培养提高孩子道德修养的地方，父母要和孩子们一起玩勇气游戏、礼貌游戏、帮助游戏、慈善游戏、诚实游戏和忠诚游戏。刚开始时模仿，后来这些美好的品质就成为自己的品质了，美好、甜蜜、坚强的品质就塑造成功了。年轻人的品格都可以不断提高和改善，我们更有理由相信经过坚持不懈、科学合理的培养，小孩子的品格便能够得到提高和改善。我们不断地向孩子们灌输美好品格，渐渐美好的品格就会成为他们个性中不可或缺的一部分，就像做数学题做多了，立刻就能算出加法减法的得数一样。首先，我们必须不断提示孩子，不断地让他们想自己拥有美好品格，当他们能自觉地重复美好品格，再试试他们是否能像自动算出数学题一样行为得当。如果能，那么说明他们已经获得了我们所期望的美好品格。

必须坚定自己的思想，并付诸行动，直到思想能控制大脑，成为行动自觉。根据"学习、学习、再学习"的原则，要不断实践，才能让思想溶化在血液中。最后，他的行动就会体现出高贵的品格。

据说手指训练，也就是让手指更加灵活的训练能提升大脑功能，使脑力大大增强。那些懒惰的人、做事脑子像不够用的人，能在极短的时间内就聪明起来，热爱工作。如果动机明确，并积极进行提升脑力的训练，脑力就会很快提高，唤醒你沉睡的雄心壮志，充分施展未开发的能力。

在家里连父母都感到失望的孩子，换个环境可能会变得特别有出息。他一旦从商、上学，完完全全靠自己，他的整个人格就会发生改变。

A.T.斯科菲尔德提出父母可以有很多办法塑造孩子的品格：一是养成良好的道德观。二是选择、控制生长环境。这样美好的身体、精神和道德暗示，而不是邪恶的暗示就会在脑子里生根发芽。三是以身作则、讲故事为孩子灌输崇高理想，为孩子树立人格发展方向。四是教会孩子正确的思想。五是在环境中锻炼意志，学会勇敢克服困难，但要注意不要挫伤他们的信心。六是平衡各种思想倾向，既不激进也不落后。七是既然下定决心就要坚决实现。八是坚守道德关，远离邪恶。九是增强对自己、对别人、对上帝的责任心。

不要总是病态地反省自己，不要总想着自己的过错以及该怎么改错，还是要多花心思想一想该怎样培养美好的品格，让心中充满光明的、希望满满的、可爱的、积极向上的思想，并落实到行动上。

第十六章

提高能力

很多人经过坚持不懈的努力获得了他们想要的东西，即便他们没有完全得到，他们也离目标很近了。从出生之日起，我们就有能力提高自己吸引优点的能力，我们越是想获得优点，获得优点的能力就越强。

你会成为什么样的人？你拥有一切
所有的道路都为你打开，
真理之光为你照耀；
不要犹豫，不要疑问，
沉住气，向世界宣告你自己！

很少有人能做到心态平衡、八面玲珑。很多人能力卓著，受过良好的教育和培训，但总还有些不足的地方，人生屡屡受挫，没有达到事业所能达到的极限。

很多人都有一些让人瞧不起的小缺点，这些小缺点抵消了优点，削弱了优点发挥的效力。

如果没有意识到自身存在缺点，甚至没有改正缺点就过了一辈子是多么令人遗憾啊！缺点也许微不足道，但如果就因为它使我们人生受挫，使我们的成功道路受阻，使我们总遭受侮辱，成千上万次地使我们陷于尴尬境地，使我们无法出人头地，这又会是多么大的不幸啊！

让人瞧不起的小缺点使原本可能成为伟人的人变成平庸的人，使原本可能辉煌的人生变得不足为奇，这是多么令人遗憾啊！如果父母和老师能够指出孩子的缺点，并帮助孩子改正这个可能是致命的缺点，不再沾染这个缺点，通过不断锻炼个人意志，变缺点为优点，将会极大地帮助孩子，使他们免于失败。

年轻人屈服于命运，认为命运已经由思想和遗传倾向决定了，无论人做出多大的努力都是徒劳的，这种观点是多么可悲的事啊！如果稍稍拥有一点常识、稍稍改变一下思维方式就能改掉缺点，为什么还要将缺点保留一生呢？

如果你意识到自己的思想存在缺点、存在不足，为什么不集中精力、逆向思维、想想美好的品质和优点将会使你多么幸运、努力改正缺点发扬光大优点呢？无数事实证明，只有正常的思维才能过正常的生活。

如果你暂时无法改掉缺点，那就至少不要让缺点表现出来，甚至扩大缺点。单纯地锻炼胳膊是不能拥有完美身材的，要想获得完美的身材，必须进行全身锻炼。塑造人的精神世界也是一个道理。如果你特别渴望做成一件事，并且长期坚持不懈，你就会离目标越来越近，你就会得到想要的东西。

如果你坚持不懈地想要拥有智慧，你就会变得聪明。但如果你心里想着别的事情，而不是智慧，你是根本无法变聪明的。同样道理，如果你只想着悠闲、快乐，你也会得到悠闲、快乐。

如果你希望自己健康，你的所思所想除了健康，就不应该有别的，脑子里想着自己健康的矫健身姿，就像雕塑家欣赏自己的雕塑作品一样，坚持这样想下去，你就能获得健康。

逆向思维也能摆脱贫穷。即便很穷，也要想着自己吃穿不愁，不用抠抠搜搜过日子，祈祷自己会过上富裕日子，富裕日子就会像绽放的玫瑰一样来到你身边。

"坚信你所期待的，它就会在你生命中出现。"

如果精神忧郁症是你的致命弱点，你可以不断练习努力将注意力集中到事情阳光、快乐、光明的一面，这样你就能完全摆脱精神忧郁症的魔爪了。如果能长期坚持这么做，你就不再会有犹豫、阴暗的心情了。打个通俗的比方，如果有窃贼闯进了你的家门，你不会让他在家里多待一会儿的。你要像赶走小偷一样赶走犹豫、阴暗的心情。打开百叶窗，让阳光照射进来，阴暗就会消失。

这么做并不难，但每次如果你对缺点姑息养奸，让忧郁的心情占据你的心，对它们听之任之，让它们堂而皇之地待在你家里。总想着事物的阴暗面，就是鼓励忧郁、失意破坏你的生活，阻碍你事业的发展。

脑子里要总想着自己的优点而不是缺点，你就会发现意想不到的结果。

我特别想告诉年轻人，要从出生之日起就锻炼自己的意志，养成坚韧不拔的性格。我们要意志坚决、勇往直前、绝不退缩，直到实现我们的目标。不要羞于一遍遍地重复我们想要获得的美好品质和想要实现的美好愿望。时时刻刻、永永远远地想着你的目标，下定决心实现你终生要实现的目标，告诉自己你的人生除此之外别无他求。你会惊异地发现你就像块磁石一样吸引来所有你期望的东西。

如果你期望自己有美好的品格，要大声地对自己说，我拥有这种品格，无论发生什么都要坚持拥有这种品格，绝不因为环境而改变自己的品格。这样，你不但拥有这种品格，还会提升自己的人格，吸引更多美好的品格。

很多人经过坚持不懈的努力获得了他们想要的东西，即便他们没有完全得到，他们也离目标很近了，至少比不努力得到的要多得多。从出生之日起，我们就有能力提高自己吸引优点的能力，我们越是想获得优点，获得优点的能力就越强。

有些人总是病态地沉浸在某种思绪当中难以自拔。他们相信自己从父母身上遗传了这种思想倾向，并时时刻刻表现出来。其实这都是他们自己的原因，因为总想着自己有这种思想倾向，所以最终才真地有了。他们担心、焦虑，这种邪恶的负面情绪也越积越多，人也变得越来越敏感。他们自己从不愿意谈起，也不愿意听别人谈起他们的坏情绪，尽管自己心里十分清楚正是这些负面情绪剥夺了他们的自信心、毁掉了他们的前程。

大多数负面情绪和怪癖特性都是想象出来的，而且越是觉得自己有就越多。如果你总是想着自己饱受负面情绪和怪癖特性的折磨，到时候它们就都变成真的了，再也摆脱不掉了。只有总想着好事，总想着自身的优点才能忽视缺点的存在，最终改正缺点。

如果觉得自己古怪，就想方设法让自己正常点儿。对自己说："我一点儿也不怪。我身上没有这些怪癖。我是上帝按照他的样子做出来的，我是完美的人，不可能做出不完美的事。即便有不完美也是不真实的，它们只存在于我的大脑和想象当中，我的肉体存在才是真实的。我即便是有些不正常也是我主观臆造出来的，上帝从未赐给过我不正常的思绪。他从未给过我不和谐的音符，因为他本身就是和谐的。"

坚定地怀有这种思想，你就会忘掉自身不正常的东西，它也会很快消失。相信自己和别人一样快乐自信，你也会很快获得快乐自信。

害羞也会变成病态心理，一种想象的病态心理。坚信自己信心十足，举止落落大方，就会将害羞心理驱逐出脑际。让自己相信别人并没有盯着你看，别人都忙于实现自己的目标和野心没工夫盯着你看，你就会变得越来越自信了。

第十七章

心中有美，
人就会美

美不单纯是表面的美，还包括内心的美、灵魂的美。总期望着自己有美好的品格并为之努力的人也注定会有美好的人生。人的面孔、举止和行为无不是人的思维和动机的外在反映。

·

行为正确、思想公正就会将美的印记印在人的
脸上。

——拉斯金

美不单纯是表面的美，还包括内心的美、灵魂的美。美的
基础是仁慈、友爱的心，希望将阳光和快乐播撒到每个角落。
美好的心灵会使你容光焕发，使你的面庞更加美丽。总期望着
自己有美好的品格并为之努力的人也注定会有美好的人生，因
为"相从心生，命随相行"。人的面孔、举止和行为无不是人
的思维和动机的外在反映。思想高贵，面孔、举止和行为必定
变得甜美生动。如果你爱美、追求美，你就会给别人留下深刻

而美好的和谐印象。

每个人都能获得最高层次的美，这种美超越了肉体。我知道很多女孩都为自己长相一般而烦恼，并有意无意地夸大自己平凡的模样。其实她们长得绝没有她们想象的那么差，这都是因为她们自己对自己的容貌太敏感、太注意了，而别人根本没在意过。如果她们能不那么敏感，更自然大方一点儿，坚持培养自己思维乐观、举止得体、聪明贤淑、乐于助人的品行，就能弥补自身先天欠缺的优雅和美丽。

我曾经认识一个女孩，她总是为自己长相平庸、举止笨手笨脚而烦恼，快要成年的时候，她觉得自己一无是处，悲观失望甚至想要自杀。她觉得自己是别人讥讽侮辱的对象，没人会喜欢她。突然有一天，她下定决心尽最大努力使自己摆脱悲惨的命运，她会让所有人都爱自己，她会吸引他们而不是让他们离得远远的。她要对他们展示无私的爱，使他们不得不爱上她。她的心灵越来越美丽，弥补了身体上的不足。她同情大众，总想着人们的疾苦。无论她去哪儿，只要她看到有人不舒服、有麻烦、需要帮助，就会立刻给予无私的关怀，她也立刻获得了别人的友谊。同时她还积极提高个人修养，使人们喜欢她，她变得越来越聪明、快乐、乐观、充满希望。她很快惊异地发现以前总躲着她的年轻人现在都聚集在她身边，爱上了她。原来她以为是平凡的外表才使她不快乐，一无是处，但现在她的爱心不但成功地弥补了身体欠缺，而且她还拥有了灵魂美，灵魂美是不会随着岁月流逝而消失的。灵魂美比肉体美要高贵永恒得多。她浑身散发着快乐的气息，人人都喜欢她，连所谓的漂亮姑娘都开始嫉妒她了。

第十八章

想象的力量

世界的进步、文明的到来都归功于想象。想象是对未来的预言，能激发起我们的雄心壮志，督促我们前行，使我们不满足于平庸的生活，让我们期待更美好、更快乐的生活。

想象无止境，想象引领成功。

世界的进步、文明的到来都归功于想象。如果不是那些富有想象力，并下定决心让人们生活得更好的人，我们可能还生活在寒冷的山洞里，过着茹毛饮血的生活。

很多人拥有卓越的想象力，并致力于将想象变成现实，最后他们都为世界做出了杰出贡献。

莫尔斯①觉得有比信件更好的通信方式，因此发明了电报。贝尔认为有比电报更好的通信方式，就发明了电话。菲尔德认为有比船更有效的海上沟通方式，就设法铺设了电缆。马可尼②的

---

① 莫尔斯（1791—1872年），美国画家和发明家，他改变了电报并获得专利，发展了以他的名字命名的电报码。

② 马可尼（1874—1937年），意大利工程师和发明家，他在1901年把长波无线电信号传送过大西洋。1909年获得诺贝尔物理奖。

主意更高，这样我们有了无线电话，乘客还在海洋中的船上就能叫车接船，并预订旅馆房间。

一位不知名的希腊雕刻家说米洛斯岛的维纳斯身材比例可以更美、姿态可以更诱人，但现在无人能做到。不过他的想法毕竟让我们有了更高的奋斗目标。

全世界的人都应该感谢米开朗基罗的想象力，他创作的绝世佳作《摩西》，让我们看到了上帝的模样。

伟大作曲家的想象力给我们留下了音乐经典。

商人想让顾客在一个屋檐下就买到所有东西，因此他们建了百货商店，满足人们多样化的购物需求。

教师发现想象力能使人类无限进步，因此我们有了学校和大学。事实上，什么不是想象力的成果呢？没有想象力的人只能看到事物的原样，只能过着"两亩地、一头牛、老婆孩子热炕头"的生活。有想象力的人改善了我们的生活，他们用汽车代替了马车，用汽船代替了帆船。

艺术家的想象创造出比自然现实更美的艺术作品。光看到自然是不够的，还要在想象中看到高于自然的东西，在现实中看到想象中的自然。

普通人并不认为富有想象力的人有什么了不起。人们认为爱做梦的人是不实际的人，都是理论家。但事实上，很多爱做梦的人表现得比那些嘲笑他们的人还要实际，因为正是他们给了我们这么多实实在在的东西；正是他们使我们的生活条件得到改善，使我们摆脱了繁重的劳动，摆脱了平庸。

世界欠这些爱做梦的人、这些"怪胎"、这些理论家太多了！

有些人之所以成为伟人，是因为他们都拥有一颗非凡的心。他们经过艰苦斗争，促进了文明的发展。父母想象着子女比他们更优秀、更完美，他们能够将孩子们托得更高。

总有一天，所有人都会认识到想象力对生活有多么重要。它对教育、对树立理想、对事业、对健康和快乐都具有不可估量的影响力。

想象不是为了娱乐，也不是为了嘲讽自己，是为了让我们把它变成现实。想象是未来的草图和暗示，是对未来的无限憧憬。

想象是对未来的预言，能激发起我们的雄心壮志，督促我们前行，使我们不满足于平庸的生活，让我们期待更美好、更快乐的生活。

想象不是大脑的痴心妄想，它是一种美好的理想，因为有榜样、有能力，我们才会将想象变成现实。

如果能够从积极的方面指导孩子的想象力，他在将来就能获得成功和快乐，但变态的想象力则会带来痛苦和阴郁。

培养孩子想象美丽的图画，而不是可怕的画面，激发他们的积极的想象力，而不是尽想些可怕、失意的东西；想着和谐、美好，而不是不和谐和丑陋。这笔精神财富比任何物质财富都要有价值得多。

第十九章

时光挥不去

当你智慧练达，参悟了人生真谛，就会像数学定律一样永远也不会被外界改变。当你认识到生活的真谛，认识到自己也是真实生活的一部分，你的精神和体力都不会出现衰老症状，你就会永远处于自己的最佳状态。

思想才是容颜的雕刻师。

我对大家说，我也对时间说："等着，我会战胜你的。"精神永远不会老。最近看到过莎拉·伯恩哈特的人都不会怀疑这点的。纵然时光流逝，她还是不屈服，她那么成功地挑战岁月，当她已经60岁的时候，还是那么美丽，看起来不过40岁。

伯恩哈特夫人和其他人并不是有什么绝招能保持青春永驻，秘密在于他们对岁月的态度，他们绝不让岁月伤害他们年轻的心，因此他们绝不会在一般意义上变老。

"他们追求的是越老越有风度，但比越老越有风度还好的是永远不变老。"《芝加哥日报》的一位作家写道，"永远不会变老的秘诀值得人们去了解，值得人们去记忆，不会变老的秘诀是你认为自己年龄有多大就有多大。关键在于个人的意志力，世界是由人的意志力主宰的。"

茉莉娅·沃德·豪上了年纪还是那么富有青春活力，精力充沛旺盛。玛丽·A.利弗莫尔直到去世也还是那样。亨利·加索维·戴维斯80岁了还被提名为民主党副总统候选人，他头脑灵活、精力旺盛让40岁的人都汗颜。乔治·梅雷迪斯在他74岁的庆祝晚宴上说："无论是心理还是头脑我都觉得我没有变老，我还是用年轻人的眼光看待问题。有些人思想僵化了、落伍了，看什么事情都不顺眼，这都是因为他们自己生活在另外一个时代，他们的理解力和同情心都属于旧时代，我希望自己永远也不要像他们那样，我希望自己永远也不会变老。"

当你智慧练达，参悟了人生真谛，就会像数学定律一样永远也不会被外界改变。无论生活中出现何种情况，出现何种苦难，都不会改变你对生活的看法。当你认识到生活的真谛，认识到自己也是真实生活的一部分，你的精神和体力都不会出现衰老症状，你就会永远处于自己的最佳状态。

只有自己下定决心不让岁月在自己身上留下痕迹，并时时刻刻提醒自己不会变老，岁月才不会夺取你青春的容颜和旺盛的精力。在年轻时，我们就播种永远年轻的种子，相信自己45岁才开始变老，50岁就又开始变得年轻。

如果你觉得自己老了，就会老得更快。正如亚伯说的那样，"我最害怕的事情终于发生了"。你如果总是为什么事担惊受怕，提心吊胆地总觉得它会发生，那它总有一天会发生。

"总是担惊受怕的人，恐惧会刻在他的脸上。"普伦蒂斯·马尔福德说，"身体迟早是要衰老的，如果你总是担心衰老，衰老就在眼前了。"

永远想都不要想，自己太老了，干不动这个，干不动那个了。如果你这么想，就会提前衰老，脸上就会长皱纹，整个人提前出现老态龙钟的样子。有句话说得非常好："我思故我在，我为我所思。"

"你多大岁数了？"《密尔沃基日报》①称，"有句格言说'女人看起来有多大，就有多大；男人觉得自己该多大就有多大。'这句格言是错的。无论男人还是女人都是想让自己有多大就有多大，变老是思维习惯。人怎么想自己，自己就是怎样的人。如果过了中年就觉得自己老了，那你就确实老了。要想让自己不老，就要靠意志。命运对所有人都很仁慈，她用双

① 密尔沃基，美国威斯康星州东南部一城市，位于密执安湖。1795年成为皮毛贸易点，19世纪后半期成为德国移民的主要聚居地，其酿酒厂和肉类加工厂久负盛名。是该州最大的城市。

手拥抱所有的人。意志顽强的人就能推迟死亡。庞斯·德·里昂找青春泉找错了地方，青春泉在他的心中。人要永葆精神青春，即便外表衰老了，内心还会永远年轻。当你对生活不再积极关注；当你不再读书、思考、做事，就会像枯萎的树一样，先从树顶开始衰老。你认为自己有多年轻，就有多年轻。保持你锐利的锋芒吧，你今生的使命还没有完成。"

> 就在这伟大的一天，你获得了重生，
>
> 重新为真理而战；
>
> 容颜逝去，但青春盛开，
>
> 它更加成熟、更加明媚。

奥利弗·温德尔·霍姆斯在歌中唱道。

如果想长寿，就要热爱工作，继续做工作。不要想着自己50岁了，能力下降了，该休息了，该退休了。如果想休假就休假，但不要放弃工作。工作中有生命，有青春。"我不会老的，"一位著名的女演员说，"因为我热爱艺术，我的整个生命都投入到艺术当中了。我从没感到厌倦，我永远那么快乐、忙碌、不知疲倦，精神永远年轻，我怎么会变老、怎么会疲倦、怎么会不满呢？"想想已经退休的改革家苏珊·B.安东尼，在她83岁时还那样精神矍铄。还有已经退休的女演员吉尔伯特，差不多83岁时才去世。有谁会认为这些光芒四射的人老了、失败了，被年轻的竞争者淘汰了呢？安东尼女士现在还和她50年前一样精力充沛、充满热情地工作。在柏林举行的国际妇女大会上，她是全世界妇女最著名的代表之一，也是最活跃的人物。吉尔伯特夫人，是有史以来舞台生命最长的女演员，在她生命的最后时刻，她仍然出演了新剧。她们在五六十岁的时候从没想过自己老了要放弃工作，她们都认为人生剧目太有意思了，不能放弃自己的角色。

"我们这辈人最大的好处之一是，"玛格丽特·德兰说，"我们并不认为衰老是身体问题，是外表问题或是僵硬的关节问题。我们永远也不会觉得生活沉闷，没有意思，我们对生活永远不会不感兴趣。我们越来越相信可以避免自己变老。从某种高层次来说，承认衰老就是承认自己有罪，承认生活是自私、狭隘、毫无想象力、毫无理想的。这样变老是种耻辱。可现在越来越多的人有这种想法。"

弗兰克·M.万希尔在他的诗句中表达了这种感伤：

永远不要衰老。时间像深深的沟壑

痛苦、悲伤和眼泪

将印记深深地、深深地

留在苍老的脸上。

但温柔的感情，和爱

以及美妙的幸福在我们身边展开；

随着岁月变得越来越明亮，越来越可爱

越来越迷人，永远不会衰老。

"人的年龄不算什么，"爱默生说，"如果他自己认为年龄什么也不是。"岁月并不会使我们衰老，而是我们如何看待岁月，以及如何生活的方式使我们衰老。我们乐观地看待生活就能长寿，就能青春不老。

生活一团糟，尽是些痛苦的回忆，就会使人未老先衰，面生皱纹，两眼无光，脚步蹒跚，生命就会枯萎、就会了无生趣。

《圣经》上说干净地生活、纯洁地生活、简单地生活、有意义地生活就会长久。即便年逾花甲，"他的肉体仍然比孩童年轻，会回到青年时代"。

我们被虚荣心和无意义的野心驱使，终日生活在无用的繁杂琐事中，很多人40岁就过早衰老了。简单的生活可以更充实、更高尚、更有意义。雷维·查尔斯·瓦格纳说，简单的生活和奋斗不息的生活并不矛盾，正如平静的生活和充满激情的生活并不矛盾一样。在他那本《简单生活》中他说，我们的很多情感和思想都白白浪费掉了，我们本应该集中精力做更有价值的事情。他特别强调指出，我们担心、愤怒，使自己渐渐失去了精力。如果合理地运用精力，我们本可以完成更有价值的事情。

"在这个纷乱、忙碌、互相倾轧的时代，成千上万的人都认为在醒着的时候有必要尽所有努力做事，以便获得成功。休闲几乎变成了犯罪。这是大错特错。"普伦蒂斯·马尔福德说，"上万上亿的人一直都在辛勤工作，可他们辛勤工作又得到了什么？微薄的收入，捉襟见肘的日子，为什么会这样？因为他们不知道该把精力往哪儿放！家庭妇女成天擦锅洗碗，40岁就耗干了身体。她的脑子成天想的就是家务活。而另外一个家庭妇女只安安稳稳地坐着，脑子里盘算着，自己不干活，该由谁把所有的活都干了。她更有可能保持自己的健康和精力。

健康和精力比青春更吸引人，它们只属于完美和成熟。

"在无事可做的时候，安安稳稳地坐着，保持思想平静、身体安逸，这时精力和体力才能恢复，才能重获力量。保持平静对保持青春和精力是非常有帮助的。身体不仅是靠吃饭，还需要靠其他人们不太熟悉的元素给养。这些元素还不为人所知，但却对身体起着非常重要的作用，赋予身体力量。只有身心非常平静才能吸收获得这些巨大能量，才能使身心保持最佳状态。如果事事都能靠智慧指导行为，就能获得很多成就，就能保持身心的平衡。"

很少有人意识到，即便没有阻挡，岁月也会在我们睡觉时奔涌向前。如果你一天到晚总是焦虑、总是烦恼、总是担心、总是悲观、总是紧张、总是嫉妒、总是贪婪，那么这些负面情绪就会一直延伸到夜晚，给神经系统烙下深深的痕迹，耗尽你的精力和生命力，并在你的脸上显现出来，留下深深的、清晰的、永远的皱纹。很多人一放下工作，麻烦琐事就一股脑儿地涌进脑海，除了令人讨厌的事什么也想不了了，没有了快乐，没有了机智，也没有了幸福。

晚上一躺下睡觉，这些负面情绪就会伤害到你的身体。你满脑子想的都是些黑暗的画面、令人不愉快的经历，在床上辗转反侧难以入睡，直到最后把自己搞得筋疲力尽才昏昏睡去。毫不奇怪你会比别人老得更快，因为早上起来的时候还是疲惫不堪。晚上睡不着，你不得不借助于各种人工办法，像服安眠药让自己入睡。白天没精神，你又不得不吃营养药、吃兴奋剂让自己精神点儿。

当我们知道如何调剂精神，精神就会成为大脑的营养品和兴奋剂，就能正常生活不需要任何麻醉品或毒品；精神就会成为大脑的最佳保护品和保持大脑青春的最佳办法。只要把心态放正，保持和谐的思绪、快乐的心情、乐于助人的心情、友爱的心情，让正面情绪占据你的头脑，负面情绪就会渐渐萎靡、不攻自破。将一切耗损我们生命、精力和脑力的因素统统拒之门外，第二天我们就会恢复元气，重新以崭新的面貌面对下一个挑战。

白天操心了一整天了，晚上回到家里就什么都不想，很多人都懂得这一点，完全放松自己迎接甜蜜、平静、惬意、让你重新精神抖擞的睡眠。他们一下班，钥匙一拧，就将一切麻烦、琐事、闹心事都锁在了自己工作的商店里、办公室里和工厂里。他们从不将工作的烦心事带到家里。上班就工作，下班就玩。下了班，任何工作上的事都不能让他们烦恼。他们已经学会掌握了和谐思维、愉快思维、快乐思维和乐观思维的秘密力量。心里想的是快乐、青春和平静，像迎接客人一样迎接宁静、和谐的夜晚睡眠。他们才不会让焦虑、担心缠绕着思绪，毁了他们的宁静，毁了他们的容颜。早上醒来的时候他们无比轻快，恢复了活力，恢复了年轻时的敏锐。

因为不知道该如何保持青春，所以我们衰老了，正如我们不知道该如何保持健康，所以才生病一样。无知和错误思维引发了疾病。总有一天你会明白，不要再想不愉快的事，就像你不愿把手放进火里一样。如果你心态良好，又能照顾好自己的身体，就不会生病。如果你总想着自己年轻，就会保持较长的青春期。

永远也不要认为自己老了就扼杀了自己年轻的冲动。最近我们举行了一次家庭聚会，孩子们试图让60岁的老父亲和他们一起玩游戏。"啊！不！不！"他说，"我太老了，玩不动了。"但老母亲和他们一块玩了，特别兴奋、特别高兴，就好像自己和他们一样大。她眼里闪着青春的光芒，举手投足无不散发青春的气息。尽管她和丈夫年龄差不多，但她和孩子们一起嬉戏，使她看起来比丈夫年轻许多。

你觉得自己有多年轻就有多年轻，和年轻人接触也会使你年轻，他们感兴趣的东西、他们的希望、他们的计划和他们的娱乐方式无不使你感兴趣。青春的活力是互相感染的。

奥利弗·温德尔·霍姆斯80岁的时候，有人问他永葆青春的秘诀是什么。他回答说："保持愉快的心态，无论处在什么样的环境，都始终如一地感到满足。我没什么野心，也不会感到不满或不安，否则会使我们未老先衰的。总是微笑的脸不会长皱纹。微笑传递了最美妙的信息，而满足是青春的源泉。"

大夫总告诫我们要知足，要想身体好、活得快乐，就得知足。知足不是怠惰，而是摆脱空虚、烦恼、担心、焦虑，摆脱一切阻碍自由真实生活的东西。有些人自高自大、虚荣心极强，他们自我膨胀，赞美、仰慕和追求物质世界的财富，而不是掌握世界、把握自我的能力，他们不想成为为人类服务的急先锋，不想成为最高尚、最美好和最有效率的工作者。

如果到老了还想保持年轻，就要遵循这句关于日晷的格言："我只记录太阳的时间。"从不在意黑暗，忘掉不愉快、不高兴的日子，忘却黑暗和阴影，只把它们当作宝贵的记忆财富。

据说"活得时间长的人都是充满希望的人"。如果你充满希望而不是失望，就会以快乐的笑脸面对一切困难，岁月就不会在你的额头留下痕迹。快乐才能长寿。

"不要让爱溜走，不要让爱情溜走；它们是防止皱纹的最好护身符。"如果永沐爱中，对一切都充满帮助、仁慈的心，就会永远年轻、精力旺盛；如果在物欲横流的社会，心枯竭了，没有了同情心，身体就会衰老，精神就会颓废。如果充满温情、充满爱，心就永远不会结冰，就不会因为偏见、恐惧、焦虑而冰冷。有位法国美人每天晚上都用牛油羊脂按摩，就是为了使肌肤柔软富有弹性。但更好的保持肌肤青春弹性的办法是紧跟时尚潮流，用爱、用美、用快乐、用年轻的理想来按摩头脑。

如果不想让岁月在身上留下痕迹，凡事就要向前看，而不是向后看；尽可能地让生活丰富多彩，培养自己的多种兴趣。无聊、缺乏精神寄托会催人老去。城市变化多，有趣的事情多，住在城市里的妇女，保持青春的时间比住在偏远乡村的妇女长。乡村妇女生活单一，在她们狭小、单调的生活之外没什么变化。更令人震惊的是，很多乡村妇女在农场生活久了，最后还疯掉了。埃伦·特里和莎拉·伯恩哈特似乎拥有明星不老的青春，这归功于她们像年轻人一样充满活力，不断地改变思想和环境，积极动脑。值得注意的是，农民主要在户外工作，生活环境也比城市脑力劳动者健康得多，但活得并不比城市脑力劳动者长。

伦敦有位法医证实英格兰农民的常见病是大脑衰退。他说，他们在65岁或75岁时，大脑要么因为缺乏脑力训练而生锈，要么瘫痪，他们通常都死于中风一类的疾病。与农民相反，法官和同样从事繁重脑力劳动的人要活得长，并始终保持头脑清醒。

人们问雅典的先贤——梭伦①，他的力量和青春秘诀是什么，他回答说："每天都学习新知识。"古希腊人都相信这句话，永恒青春的秘诀是"永远学习新知识"。

这句话是有事实根据的。有益健康的活动不但对身体有好处，还可以提高和保持脑力。所以如果想抗击衰老，保持年轻，就要永远乐于接受新思想，保持开阔的思维，富有同情心，随着人生阅历的丰富，更加深刻地领会人生的真谛。

战胜衰老的法宝是快乐、充满希望和爱心。能战胜衰老的人一定是对一切都怀有慈悲心的人。他不会担心、不会嫉妒、不会怨恨、不会羡慕。一切邪恶的心态都会使人内心充满苦

———————

① 古雅典的立法者及诗人。他的改革保留了建立在财富基础之上的阶级系统，但却以出生特权而告终。

闷，使额头长满皱纹，使两眼黯淡无光。纯净的心灵，健康的身体，博大、健康、宽容的精神，还有一颗不让岁月留痕的决心就是青春的源泉。这源泉，每个人都能在自己心里找到。

玛格丽特·德兰说："衰老有三个征兆：自私、迟钝和缺乏包容心。"如果发现我们自己这样，即便自己还是30岁的大好年纪，也知道自己老了。令人高兴的是，我们还有三件战无不胜的制胜法宝。如果我们能善用它们，即便活到100岁才死，也还很年轻。它们是：同情心、进取心和包容心。拥有这三件法宝的人会永远年轻。这三件法宝向我们大声宣称："鼓起勇气来，别气馁！"

最美好的还没到来！
生命的开始就是为了
生命的结束。

第二十章

如何控制思绪

通过习惯性地控制思维，就能改变思维方式。注意力能控制思想和思绪，让自己思想更高尚，直到崇高的思想成为自己的习惯，低级想法、低级愿望就会从意识消失，思想就会处于更高的层次。

> 为自己制定某种行为方式，不但要自己时时遵
> 守，而且必要时和大家一起遵守。
>
> ——埃皮克提图[①]

通过习惯性地控制思维，就能改变思维方式。我们毫无理由让思绪天马行空到处乱飞，随意地想各种各样的事情。我们的意志力或我们所说的真实的自我能控制思维、驾驭思维，只要通过一点点努力，就能随心所欲地控制和调整思想。

用意志控制注意力，用理性和高级判断力指导意志。注意力能控制思想和思绪，让自己思想更高尚，直到崇高的思想成

[①] 埃皮克提图，公元前1世纪希腊斯多噶派哲学家、教师。

191

为自己的习惯，低级想法、低级愿望就会从意识消失，思想就会处于更高的层次。这一切都要靠训练。

许许多多的作家都提出过各种各样的办法控制思绪。把这些方法加以比较，我们会发现很多共同之处，这些共同之处就是最简单、最有效的方法。喜欢练习控制思绪的人还提出了更细致、更神秘的方法。

"指导美国人在练印度瑜伽术的时候，教练几乎不可能给他什么明确的指令遵照执行。"W.J.科尔维尔说，"盎格鲁–撒克逊族人① 可能不会像深色皮肤的东方兄弟一样听得懂玄妙的练功指令，但无论东方文化还是西方文化，'集中精力''冥思苦想'的含义都一样丰富、一样重要。全神贯注地冥想自己希望达到的目标，就能用天眼看到自己已经实现了目标，就能清楚地意识到，自己离目标越来越近，各种各样的因素条件都会促成你实现你的目标，障碍一点一点地消失，原来似乎是遥不可及、根本无法实现的目标，此刻却是那么轻松简单。在这个过程中，最重要的是坚定目标，不让你的理想旗帜和内在理念有丝毫动摇。

---

① 盎格鲁–撒克逊族人原指英格兰人，这里指美国人，因为是英国人最先移民到美国的。

　　"最佳的练习办法就是静静地怀着热望，集中所有的注意力，用心去看见理想的实现。想象自己在最喜欢待的地方，做一件自己最喜欢的事。坚持用这种方法练习，很快就能摆脱焦虑，并且渐渐明白如何完成根本完成不了的任务。大千世界没有什么能和亲力亲为的工作相比，因为我所说的冥想绝不是毫无作为、白日做梦的空想。冥想之后一定要去做。真正的冥想不是让我们不用努力就能实现目标，冥想只是告诉我们该怎样努力才能实现目标。"

　　另外一位作家也说过类似的话："沉默，集中精力，集中思绪，将一切能获得的能量和力量都吸入体内，感受到这些能量和力量源源不绝地进入体内，除非我们自己决绝才能阻断它们的流入。"

　　"我们周围的气氛是思想的产物。物随心生，物随心变，"弗洛伊德·B.威尔逊在他的《力量之路》中说，"大家普遍认为气氛是集中精力思考一件事后散发出来的无形产物。气氛作为思想的产物，也是通过能量场创造性地汇集能量和力量才可以产生的。"

　　"我们一直提的控制思绪也可以说成：如果我们知道自己能够控制大脑，我们就能控制思绪、控制气氛。每天静静地冥想，就能实现希望获得的目标，因为我们已经敞开了创造理想气氛的门窗。静静地、被动地冥想，心无一丝疑虑。对于很多人来说做到静静地、被动地冥想很难，但静静地、被动地冥想比其他任何方法都能让你尽早实现目标。"

查尔斯·布罗迪·帕特森在谈到控制思绪对身体的好处时说："让我们保持心灵的清新愉快，怀着对生活健康美好的愿望，温柔仁慈地对待别人；让我们无所畏惧，认为自己拥有大宇宙的力量，这种力量能满足我们一切需要。健康、力量和幸福是我们与生俱来的权利，它们一直深藏在我们内心深处，现在我们的身体能够将它们表现出来。如果我们采取这种观点并坚定不移地信奉它，身体很快就会健康起来，变得更有力气。"

很多人都是通过切身体验或别人的感受才提出这么多练功方法。因此只要你能放弃消极情绪，发扬积极情绪，就能实实在在地提高生活水平。

如果让自己始终处于积极的气氛中，将一切消极情绪、破坏情绪，一切不合谐、一切疾病、一切灾难和一切失败都从脑海中赶出去，只想着创造、支持，很快就能完全改变思维特征，你就会憎恨那些阻碍你成功和快乐的敌人，只要它们一想进攻你的大脑，你就会将它们赶走。你的心中只有高尚的词汇和想法，不断激励自己、激励别人，激励所有人，为所有人带来光明、带来美好，使所有人变得高尚。到那时，你喜欢积极情绪就会像你讨厌消极情绪一样强烈。

令人高兴的是，很多思想家和心理调查人员找到了消极情绪的源头，并且从根本上大量消除了消极情绪。

"根本不值得和消极情绪打一仗。"霍勒斯·弗莱彻说，"能集中精力不让自己生气和担心，生气和担心是愤怒和焦虑的孩子，勇敢地面对困境，不让自己生气和担心，这样儿子、老子就会一起溜掉。如果你能成功地摆脱一次生气和担心，那么再次生气和担心的概率就小得多。"在他写的另外一本书中，弗莱彻说，生气和担心其实都源于恐惧。W.W.阿特金森也说过："担心是恐惧的孩子，和父母极其相像。要像对待害虫一样对待恐惧家族，不让它们有喘息的机会，不让它们有繁衍子孙的机会。"学会集中精力，就要学会无所畏惧、学会自信，只有这样才能快乐，才能幸福，才能富裕，做事才能有效率。

弗兰克·C.哈多克在他的《意志的力量》中还说了下面的规则，很有启发，非常有效，我这里将他的话作为本章结尾：

　　"坚持不懈地、理性地运用自己的意志力营造一片理想的精神世界，那里有美好的东西、正确的思想、健康、和平、真理、成功、舍己为人、思想积极的人们、最美妙的文学、艺术、科学、最高贵的活动和团体和真实的宗教。

　　"在和别人交往的过程中，保持个人的完美和平静，而且不要让人看出来自己努力试图保持完美和平静。不要做摆手的姿势，让人在潜意识上感到你在刻意地保持冷静，掩饰自己的敌意。

　　"避免激动。

　　"不要表现对抗。

　　"让别人意识到你无意伤害他们的情感。

　　"不要歧视和嘲弄。

　　"不要生气和愤怒。

　　"一丁点儿也不要害怕和自己打交道的人。

　　"不要怀疑和他们一起工作会成功。

　　"让自己浑身洋溢自信的动能。"

第二十一章

即将到来的人

当我们坚信自己的人生轨道是正确的，就没有什么能使我们脱离人生轨道。每一次正确的行动，每一次善举都会开花结果，我们最终会平静地完成我们能力所及的最高目标。

当我们和上帝合而为一，开始渐渐明白，开始无所不知，接着就能解决一切神秘的事件。世界上将会出现更多无所不知的人。所有人都追求无所不知和自由。在这个伟大的光明的时代，很多人都追求神圣的无所不知。能看到上帝的人体会到了一种难以描摹的狂喜和幸福。和上帝合二为一就能看到宇宙是多么美丽，就能了解宇宙的策划者——上帝，和他策划的美好宇宙。

——快乐的预言家

内心平衡、淡泊的人才能获得快乐、成功、令人满意的人生，他们对上帝怀有绝对的安全感和毋庸置疑的信任，是上帝给了他们永恒的力量。

在生活中缺乏稳定感、轻松感，内心没有平静和安逸是无法获得更高的成功的。我们必须深刻认清不安的本质，才能消除不安；必须对《圣经》坚信不疑，毫不动摇地信仰上帝。上帝创造万物、控制万物，我们承认自己也是上帝创造的，是受上帝控制的。当我们坚信自己的人生轨道是正确的，就没有什么能使我们脱离人生轨道，无论我们身处何处，无论是在陆地还是在大海，无论我们的状况如何，无论是疾病还是健康，都不能使我们和上帝分离，我们都会感到非常稳定、非常安全。一旦拥有了这种安全感，我们就不会恐惧，不安和焦虑就会远离我们，一切都将是那么和谐。我们知道没有什么能使我们失去与生俱来的权利，没有什么能阻挡我们获得成功，我们走的每一步都很正确，将会逐渐接近最后的成功。每一次正确的行动，每一次善举都会开花结果，我们最终会平静地完成我们能力所及的最高目标。

我们清醒地认识到我们不是上帝偶一为之的生物。无论我们身在何处，都会有安定感的，恐惧、焦虑和不安不一定是生活的一部分。我们本能地感到我们和上帝密不可分，我们和上帝是一体的，我们是上帝坠入凡间的轮回，我们就是上帝按照他自己的模样造的，我们的最终目标根本不会和上帝的目标相违背；我们本能地感觉到万物都是统一的。相信上帝，就能找到万物统一的精髓。傻傻地相信上帝的一切比理性地相信更好，会使我们更接近万物统一的精髓。

埃拉·惠勒·威尔科克斯的诗句表达了这种信仰：

用尽你所有的力量相信
就像你相信上帝一样。你的
灵魂
只是肉体的表达。

你从未想到过体内蕴藏着多少力量，
像那浩瀚的大海广阔无边。
你静默的思绪飞到了钻石山洞；
去寻找钻石吧，让上帝的意志指导
你的热情，是那顺风，让你乘风破浪。

没有人能限制你的力量；

你的成功无人能及，

如果你相信上帝，相信自己，

成功就在眼前，最后

你将达到无人企及的高度

为什么不去做呢？坚持！成功！成功！

　　当我们感受到力量，感受到从内心深处喷涌而来的巨大力量，我们就不再怀疑，不再犹豫，不再满足于表面上的、暂时的、物质上的浮华。当灵魂获得真正的给养，感到冲动的惊喜，它就会满足得匍匐在地。

　　如果你意识到你是神圣的、永恒的真理，是现实的真谛，就没有什么能使你失去身体和精神平衡。你就是永恒真理的化身，拥有无穷的力量，没有丝毫恐惧、焦虑、担心或偶然，因为你知道你就是真理，是永恒真理的一部分。创造和支持宇宙的力量在你手中，没有什么能使你失去它，你会拥有安全感和平静感。当你早上醒来，精神饱满，意气风发，你感到你接触到了曾经创造你的神力。你已经超越感知，获得了无穷的力量、无尽的生命。每天早上醒来，都是再一次重生。当累了、倦了、伤心了，你希望重新回到上帝那儿，让上帝再造你一回，用生命的源泉消除你的干渴。

只有当你意识到你的存在是坚不可摧的，像数学定律一样毋庸置疑，你才能获得无穷的力量。哪怕世上所有的数学书都付之一炬，二加二还是等于四。数学定律就是数学定律，无论发生什么变化丝毫不受影响。所以当你到了自己的地盘，就能说"我的地盘我做主"。你能始终保持内心镇定、从容恬淡，纵然历经千难万险，也不会恐惧发抖。上帝造了你没有错，他造了你并非出于偶然、并非率性而为。

文化教育的终极课程就是使人精神平静、内心安宁，要想获得精神平静、内心安宁，首先就要完全相信宇宙的万能力量。当你意识到自己是上帝伟大事业的一部分，上帝造你是为了让你去控制而不是被控制，你应该用"谈笑间樯橹灰飞烟灭"的气势去面对一切，而不是畏畏缩缩、奴颜婢膝。

当你意识到你是天命神授，你就不会失去根本，任何烦人的事都不能破坏你内心的平静。任何烦人的事只能伤害到那些还没有意识到自己是天命神授的人，他们还没有领悟力量的真谛。

"平静是力量最伟大的展示。"斯瓦尼·维夫卡纳迪说，"想要激动很容易。让血液加速流动，就能干出惊天动地的事来，每个人都能做到，但能在万分激动的时候刹住闸平静下来，才是坚强的人。这需要更大的意志力量，放手、退后。平静的人不是愚蠢的人，任何人都不能将平静错当成愚蠢或懒惰。激动展示的是低级力量，而平静展示的是高级力量。"

上帝创造的内心平衡的人是不会有恐惧、愤怒、遭受经济损失的。

如果我失去了财产，我的船、店铺、房子都烧光了，那跟我到底有什么关系呢？确实，我会感到不方便，我会暂时不能享受了，但我不相信无所不知的上帝会让我总是害怕火灾或其他紧急情况，上帝会眷顾我的。有些人能始终处于健康、和谐、快乐、幸福和平静之中，不幸、意外和不良情绪始终不能把他们怎么样。

我相信即将到来的人，那个理想的人，那个高度文明的人，不会因为财产被烧而影响到自己，正如和谐法则不会因为乐器被烧而消失一样。

那个即将到来的人能控制自己的思想，能吸引更多的美好品质和幸运，使自己更加富裕、更加幸福。因为心理健康，能排除病态心理的不良影响，他能使身体更加和谐、健康。

那个即将到来的人总是那么高兴，因为他心里除了高兴的事不想别的，绝不会让焦虑的阴霾、悲伤的黑暗和嫉妒的阴影笼罩他的心头，他从不唉声叹气，总是那么兴高采烈。

那个即将到来的人从不让悲观、病态、可怜、不和谐的有害情绪进入他的脑际，就像他永远不会吃毒药一样。他能控制自己的思想品质和德行，正如他有选择地控制接待来家拜访的客人一样。他只邀请他喜欢的人，只邀请他希望见到的人；对于敌人他一概拒之门外，这就是他对待负面情绪的态度。

那个即将到来的人总是非常富有，因为他从不让物质财产的观念、让局限性的思想入侵他的脑海，所以他总是感到自己的精神世界十分富有。

那个即将到来的人总是生活在爱和快乐的氛围中，他自己也总是感受到爱和快乐，并时刻表达爱和快乐。他很健康，因为灵魂、内心以及肉体都非常和谐健康。

让自己摆脱不合谐变得和谐，挣脱黑暗走向光明，抛弃憎恨拥抱博爱，甩掉疾病拥有健康，难道不是人世间最有价值的事吗？成为自己一方领地的主人，像君主一样去统治，而不是像奴隶一样受压榨，不是人世间最有价值的事吗？这种目标值得我们去期望、去努力奋斗。拉尔夫·沃尔多·特赖因完美表达了这些目标对人意味着什么：

"你一旦觉醒并意识到这点就能与宇宙产生和谐；你能感受到力量和生命的震撼；你能从自己狭小的天地走出来，融入到广阔的宇宙之中。那些素日来使你烦恼、揪心的难事、琐事，你都会觉得并不重要，可以一笑而过。越来越多的有识之士充任到机关事业单位中去，他们不会利用职权假公济私，机关事业单位变得越来越清正廉明，不会再出现贪污腐败的现象。你越来越有能力看清未来，因为"前事不忘，后事之师"。疾病终将治愈，健康即将获得，因为疾病和痛苦无非是有意识、或无意识违背宇宙法则的结果。你会拥有一种精神力量能够治愈病痛，同时治愈往日心灵的创伤。感到身体不再那么沉重，全身通透轻巧，为心灵的下一次腾飞做好积极准备。因为眼界狭小，很多我们过去认为神秘的、不可思议的东西如今都变得很普通、很自然、很稀松平常。

无论出现何种险境，只要你在思想上和体力上都全力以赴，自然界就会有更多的力量也会有更多的朋友帮你的忙，因为自然界有句定律："赐给拥有者。"如果你希望获得成功的愿望更强烈，希望获得幸福的愿望更强烈，希望一切美好的意愿更强烈，你就能吸引更多的好运气帮助你实现自己的理想。

所有的好运气都会汇集到你身上，你将变得如此完美，"一如你在天堂的天父"。

研究社励志经典系列

成功的钥匙
KEYS TO SUCCESS

发掘生命中的无限可能
Making Life A Masterpiece

高效人生

赢在自我修炼
世界属于勤奋的人

做自己的国王